武汉市国土空间资源环境承载能力评价与用途管制

WUHANSHI GUOTU KONGJIAN ZIYUAN HUANJING CHENGZAI NENGLI PINGJIA YU YONGTU GUANZHI

马传明　邱　洋　高　林　著

中国地质大学出版社
ZHONGGUO DIZHI DAXUE CHUBANSHE

图书在版编目(CIP)数据

武汉市国土空间资源环境承载能力评价与用途管制/马传明,邱洋,高林著.—武汉:中国地质大学出版社,2024.10.—ISBN 978-7-5625-5771-5

Ⅰ. TU984.263.1;F129.963.1

中国国家版本馆 CIP 数据核字第 2024U9E608 号

武汉市国土空间资源环境承载能力评价与用途管制 马传明 邱洋 高林 著

责任编辑:张旻玥 责任校对:徐蕾蕾

出版发行:中国地质大学出版社(武汉市洪山区鲁磨路 388 号) 邮编:430074
电 话:(027)67883511 传 真:(027)67883580 E-mail:cbb@cug.edu.cn
经 销:全国新华书店 http://cugp.cug.edu.cn

开本:787 毫米×1092 毫米 1/16 字数:224 千字 印张:8.75
版次:2024 年 10 月第 1 版 印次:2024 年 10 月第 1 次印刷
印刷:武汉市籍缘印刷厂

ISBN 978-7-5625-5771-5 定价:68.00 元

前　言

城镇化是21世纪全球人类社会发展的最重要进程之一。中国的城镇化是全球城镇化进程中的最重要组成部分。随着我国城市化进程加快，越来越多的人口向城市迁移。改革开放以来，我国城镇常住人口从1.70亿人增加到9.21亿人，城镇化率从17.90%提升到65.22%（2022年），预计2025年城镇化率将达到70%左右。

随着我国城镇化进程的持续推进，城镇国土空间受到人类活动的影响与日俱增，极大改变了城镇国土空间的演化方向。这种剧烈的国土空间演变对城镇的影响非常广泛和深刻，尤其是高强度的开发建设活动极大扰动了城镇国土空间的演进过程，从而导致前所未有的复杂生态和环境效应，进而诱发了城镇国土空间发生诸如地质灾害频发、生态功能退化、环境污染等问题。目前，我国城镇化进程中遭遇、诱发了越来越多的生态退化和地质环境问题，有近70%的城镇受到各种灾害的威胁，为脚步匆匆的中国城镇化敲响了警钟。因此，城镇国土空间安全的研究已经成为当前的前沿和热点，越来越受到重视。开展城镇国土空间用途分区与管制研究，对防控生态退化、地质环境恶化发生，保障城镇安全及其可持续发展，维系生态系统服务功能与地质环境良性演化，实现城镇与国土空间安全协调发展具有重要的现实意义！

武汉市位于我国中部、江汉平原东部，是湖北省省会，总面积约为8 569.15km^2。武汉市是我国快速城镇化的代表性城市之一，作为长江中游唯一常住人口数量超过1000万的城市也是中国重要的工业基地和交通枢纽，对区域经济发展肩负着重要责任。此外武汉市自然资源丰富，水资源总量位居全国前三，辖区内已探明丰富的砂岩、石灰岩、膨润土、金属和煤等矿产资源，长江沿线还分布着众多地质遗迹。因此，如何平衡经济的高速发展和资源环境的可持续利用是武汉城市发展的关键问题之一。以武汉市为例能够为我国其他高速城镇化发展的区域进行资源环境承载能力评价与国土空间用途管制工作提供重要参考。

本书是在全面总结"地学长江计划"核心项目群项目"武汉市区域国土资源环境承载能力评价"成果的基础之上，基于可持续发展理论和地球科学系统思想，进一步全面构建了多阶段递进的城镇国土空间用途分区与管制的技术体系，并给出了相应的应用实例。

特别感谢众多单位的同仁们为本书的编写提供了许多区域环境地质、生态地质调查、城市地质等方面的新资料和新成果，并给予了许多宝贵的建议。其中，特别感谢为本书的撰写提供了众多宝贵意见的中国地质大学（武汉）周爱国教授、中国地质调查局水文地质环境地质调查中心张发旺研究员、中国地质调查局武汉地质调查中心谭建民教授级高级工程师和黄长生教授级高级工程师以及湖北省地质环境总站杨涛教授级高级工程师。此外，感谢王志野、李明鸿和郭远翔等研究生为本书的图件绘制和数据整理所提供的帮助。

另外，本书引用了大量已发表的各类文献上的资料成果，并将所有引用的文献尽量注明，在此表示感谢。若有遗漏，敬请谅解。

笔者对所有为本书审订、修改、编辑和出版付出了辛勤劳动的同志们致以衷心的感谢。

尽管我们从事区域国土空间开发与保护工作多年，由于本书所涉及的专业内容相当广泛，而地球科学技术更是发展迅猛，编者深感到自身能力和专业知识水平有限，书中难免有不当、不足之处，恳请广大读者批评指正。

笔　者

2024 年 5 月 12 日

目　录

第1章　绪　论

1.1　概　述

国土空间不是单纯的土地或空间，而是一个以地域空间作为载体，承载了人与自然的全要素、时空演化的整体系统，是全要素的国土空间，是人地关系组成的"生命共同体"。它既是由地球表层大气圈、水圈、生物圈、岩石圈组成的自然资源和环境系统，也是人类活动反映出来的利用自然、改造自然并得到自然反馈的作用。

国土空间的全要素需要作为一个整体来进行统筹，其现实基础是国土空间承载的自然资源与环境本身就不是孤立的，而是由一系列要素在不同单元、范围和层面上构成的一个复杂的多维网络体。国土空间承载的自然资源与环境按照一定规律不断变化归纳为各种"物理性"的时空演化规律。一方面包涵客观的自然物理、化学、生态过程产生的有关气候、水文、地质、土地覆被与形态的状态变化或其动态平衡的演化规律，例如气候变化、重力等作用下的水文和地质过程形成的地表-地下水系统；另一方面包含人类工程技术的运用对自然实体的客观状态造成改变进而在局部地域形成的半自然系统，如城市营建、跨区调水和拦蓄调控等人类的活动参与下，又构成了二元水文循环的新系统。

自改革开放以来，随着我国工业化和城市化的快速发展，各类资源与空间的开发利用规模及强度呈现高强度的开发态势（岳文泽等，2018），带来了剧烈的国土空间格局演变（邓祥征等，2013）。与此同时，快速发展导致的资源衰竭、生态环境退化、空间开发无序、空间资源配置不协调等问题，对我国国土空间的可持续发展带来巨大挑战，严重制约了区域社会经济的可持续发展，因此也引发了广泛关注与探讨（龙花楼等，2012；Liu et al.，2014）。国土空间作为人类赖以生存、生活和从事生产劳动及各类生产活动的场所（胡序威，1982），如何实现区域内"生产-生活-生态"功能的和谐与可持续发展，也成为当下国土空间开发中的热点议题（魏小芳等，2019）。在生态文明建设的大背景下，国土空间作为生态文明建设的基本物质载体，合理利用、保护国土空间等同于合理利用和保护自然资源的载体，国土空间规划作为实现国土空间的均衡与可持续发展的重要基础和依据，是解决上述问题的有效途径。国土空间区划是国土空间规划的核心和基础（金贵，2014），不合理的国土空间区划不仅影响城市的开发建设和良性发展，还会造成各类资源浪费和建设成本大幅提高等问题，不利于区域可持续发展及生态文明建设（常新等，2018）。因此，国土空间区划研究可以为合理利用自然资源、提高土地空间开发潜力、保护生态环境和实现区域可持续发展提供科学依据。

随着社会经济和城镇化的快速发展，资源短缺、环境污染问题日益突出，资源环境问题已经成为区域可持续发展的制约因素。党的十八届三中全会关于规定"生态红线"政策的出台为我国生态文明建设指明了方向：对水土资源、环境容量和海洋资源超载区域执行限制性措施。资源环境承载能力的研究也得到越来越多的重视(姜大川等,2016)。资源环境承载能力是对自然资源环境的数量、质量的表征，还能反映社会需求总量。资源环境承载能力评价主要研究自然资源的形成、演化和时空分布规律，探索人类、资源与环境之间的相互作用、相互依从、相互制约的关系，揭示社会经济发展与资源开发、环境保护之间协调发展的基本规律，探讨资源合理开发的途径与技术以及资源可持续利用的途径(宋鸿等,2009)。国土资源环境承载能力评价就是具体研究人地关系的，其评价成果是国土空间规划的基本依据。因此，展开国土资源环境承载能力评价是节约、保护和合理开发国土资源的前提，是生态文明建设与城镇化能健康发展的根本。

武汉市是湖北省省会，国家重要的工业基地、科教基地和综合交通枢纽，是我国中部和长江中游地区唯一人口超千万、地区生产总值超万亿元的城市。2016 年 12 月，国家发展和改革委员会同意并支持武汉建设为国家中心城市。这既是发展的机遇，也是对武汉市资源环境的巨大考验。城市建设的高速发展，不可避免地出现产业结构不尽合理、资源配置不合理和生态环境恶化等诸多问题。这些问题势必会成为武汉市可持续发展的制约因素。近年来，武汉市资源短缺、环境恶化等问题频发，在自然和不合理人类经济活动的双重影响下，崩塌、滑坡、地面塌陷灾害层出不穷，造成了人员伤亡、生存环境破坏和经济损失等问题，同时土地资源不合理利用也影响武汉市的城市建设。

基于生态安全、环境安全的思维底线，贯彻"绿水青山就是金山银山"的科学理念，在详细调查武汉市国土空间的资源环境条件的基础上，系统开展国土空间的资源功能区划，定量测算国土空间资源环境承载能力和定性分析其承载状态，并进一步进行国土空间用途分区及其用途管制，为国土空间开发与保护提供理论依据和参考。

1.2 基本术语

1.2.1 国土空间

在本书中，国土空间(territorial space)并不单指区域所管辖的土地(land)或空间(space)，而是一个以国家主权与主权权利管辖下地域空间(regional space)作为载体，承载了人与自然的全要素、时空演化的整体系统(system)，是人地关系组成的"生命共同体"。它既是地球表层大气圈、水圈、生物圈、岩石圈组成的自然资源和环境系统，也是人类活动反映出来的利用自然、改造自然并得到自然反馈的作用。其概念如图 1.1 所示。

1.2.2 资源环境条件

资源环境条件(resource and environmental conditions)是指国土空间内资源禀赋条件和环境条件。资源禀赋条件包括土地资源、水资源、矿产资源、生物资源和地质资源等的总量、空间分布、开发利用条件等，而环境条件包括土壤环境、水环境、大气环境和地质环境等的状

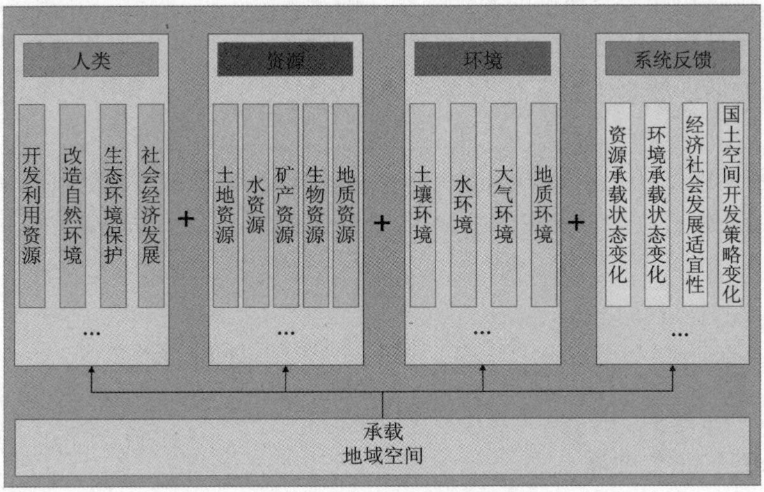

图1.1 国土空间概念示意图

态、承载能力、空间差异和受胁迫情况等。

1.2.3 资源功能区划

资源功能区划(functional zoning of resources)是指在国土空间资源条件的基础上结合发展需求、经济目标、生态环境保护所决定的资源需求,以及内部各空间单元的资源比较优势格局等。资源功能区划对各空间单元的资源开发前景、功能定位进行了定性的划分。

1.2.4 适宜性评价

适宜性评价(suitability assessment)是指对某一资源环境要素的某种用途的适宜性和适宜程度进行评价,包含土地适宜性、水资源开发适宜性、建设适宜性、农业适宜性、矿产开发适宜性等多种适宜性评价。

1.2.5 资源环境承载能力与状态

资源环境承载能力(carrying capacity of resources and environment)是指在某一时期、某种状态或条件下,某地区的环境资源所能承受的人口规模和经济规模的大小,即生态系统所能承受的人类经济与社会的限度。资源环境承载能力侧重体现和反映环境系统的社会属性,即外在的社会禀赋和性质,环境系统的结构和功能是其承载能力的根源。

资源环境承载状态(resource environment carrying status)是指某一资源环境要素或资源环境全体要素的当前开发利用强度与资源环境承载能力的相对关系,它反映了开发利用强度是否超出承载能力,并指示了资源环境是否存在恶化趋势。

1.2.6 国土空间用途区划和用途管制

国土空间用途区划(territorial spatial usage zoning)是指在国土空间资源功能区划的基础上对不同空间单元的用途进行明确的划分。它不再只单纯地对土地利用进行区划,而是对包含自然资源、生态功能和土地空间等国土空间的全要素进行功能区划与开发管控。在划定国土空间基本(主体)功能区的基础上结合区域发展需求、环境影响评价和自然地理条件等因素,对不同国土空间区域的功能属性、开发强度和区域边界进行差异化管理,可以有效优化国土空间配置。

国土空间用途管制(territorial spatial usage regulation)是在国土空间用途区划的基础上根据资源环境承载能力测算与状态分析,对各个分区提出相适宜的管制对策并提出适宜的开发强度。

1.3 国内外研究现状与进展

1.3.1 理论研究进展

1. 国土空间功能区划相关概念及其发展

国土空间是指国家主权与主权权利管辖下的地域空间,是国民生存的场所和环境。从提供产品类别来划分,国土空间可以分为城市空间、农业空间、生态空间和其他空间;从主题要素角度,可以划分为土地资源、水资源、矿产资源、生态环境、社会经济、人口和生态环境等不同主题的空间(周静,2019)。

国土空间规划的功能分区,是指以地球表层系统的功能空间格局演变规律为基础,以特定地域在区域自然资源和生态环境系统中以及在人类生产、生活中所履行的职能与发挥的作用为依据,所划分的地域功能区(吴次芳等,2019)。它由自然生态系统提供的本底功能与人类社会经济活动的需求功能相互结合而形成。

国外的区划工作最早由著名的德国地理学家 Hettner 指出:区划的概念就是整体的一种不断分解,地理区划就是将整体不断地分解为独立的部分,这些部分在空间上必然相互连接,但在类型上分布可以是分散的(Higgins et al.,2008;Omernik et al.,1997)。Hommeyer 提出了对地表区域主要单元可以通过大区、区域、地区和小区的划分实现逐级划分的思想,由此开创了现代自然地域划分研究(宋鸿等,2009);美国学者 Veatch 提出以"自然地理分区"和"自然土地类型"的概念来将土地划分为不同的土地类型(郭旭东等,2015)。随着认识的深入,自然会由地理分区发展到生态地理分区,研究学者通过借鉴生态学上的原理和方法,将分区对象视为一个生态系统,进而去揭示自然生态区域的相似性和差异性规律,划分生态环境的区域单元(Omernik et al.,1997)。1898 年,Merriam 首次提出生命带假说,将生物指标纳入到自然分区研究中,这是世界上首次以生物作为分区的指标(冯雪娇,2013)。此后,出现了一批以植被为主体的生态分区成果(Bailey,1996,2009;Klijn et al.,1994),分区成果涵盖了地区、国家和全球,不仅揭示了温度、水分、生物和土壤等单一要素的时空格局,也揭示了由这些多要素共同作用的空间组合和差异性以及与资源、环境的匹配状况,更体现出了自然生态地域作为一个系统的相似性和差异性以及环境问题的本源(Bailey,1983)。

在经济全球化和城市化的背景下,各国、地区开展了不同的国土空间规划。德国架构的国家、区域到城市层面的空间规划体系具有综合性和上位性的规划地位(曲卫东,2004;周颖等,2006;叶剑平等,2010);日本的全国国土综合开发规划促进了日本社会经济的快速发展(蔡玉梅等,2008;林家祥,2004);而美国没有严格意义上的自上而下的空间规划体系,它的规划建设与经济社会发展联系紧密,受交通建设及土地发展影响较大,强调公共参与和多方协作,多为综合性区域规划(潘起胜,2018);从20世纪80年代起,欧盟地区先后建立了成熟、稳定的空间分区模式,制定了标准区域稳定单元,同时通过开展欧洲空间规划项目,解决了不同地域,不同尺度的空间规划问题,为其地区发展提供了坚实的基础(Strubelt et al.,2001;Viegas et al.,2013;Alexiadis,2013;Erba 2005)。虽然各个国家和地区空间规划的功能与范围有一定的差异,但是均表现为政府的多领域政策法规的特点,对经济社会的发展起到了中长期的良好作用。

我国学者在20世纪二三十年代就开始区划的研究工作,是世界上较早开展现代区划的国家之一。1940年,黄秉维首次对我国植被进行了分区,是我国现代区划研究的一个新突破。分区初创阶段,中国早期区划研究由于参与研究人员和基本资料的缺少等因素,分布参考因素和标准比较单一(韩书成等,2008;刘燕华等,2005)。从20世纪50年代开始,区划研究进入了全面发展阶段。以林超(1954)、罗开富(1954)、黄秉维(1959,1989)、任美锷等(1961)、侯学煜等(1963)、赵松乔(1983)、席承藩等(1984)为代表的学者先后提出了全国综合自然区划的不同方案,探讨了综合自然区划的方法论问题,满足了当时社会生产实践的需求。20世纪80年代以来,为了适应改善生态环境和促进可持续发展的需要,我国开始开展生态区划研究,将生态系统观点、生态学原理和方法加入到自然地域系统研究中。侯学煜(1988)以植被分布的地域差异为基础编制了全国自然生态区划,并与大农业生产相结合。刘国华等(1998)对生态区划的原则、依据进行了论述,并确定了生态区划的指标。Zheng(1999)和傅伯杰等(2001)也在生态地理分区问题上提出了不同的生态区划方案。20世纪末区划研究进入综合发展阶段,分区目标开始向可持续发展要求转变(高广生,1990),土地利用功能分区、生态功能分区、地质功能评价分区(Ma et al.,2020)等多种区划形式相继形成;国土区划理论知识也由单一向多要素、理论知识向综合决策、一般定量向综合集成转变(高江波等,2010;金贵等,2013)。

纵观国内外研究成果,无论是自然区划、经济区划,还是生态区划和环境功能分区,从本质上讲都是对某一区域的国土空间一方面的功能定位或者是为其提供国土空间开发利用和保护提供理论与数据支持。而国土空间区划总是跟随着国土空间规划出现,不同的分区内容都有相对应的规划形式。一般而言,宏观层面上,将国土空间分区与国土空间规划综合起来进行讨论,整合国土空间各要素、不同地域功能特征的综合分区已成为一种发展趋势;从功能角度来看,通过比例表达对分区进行多尺度集成,并且客观全面的图形数字化对空间政策的阐释也是当前区划研究的热点(金贵等,2017)。因此,在本研究中,国土空间区划都将从国土空间规划功能的角度进行论述。

2. 资源环境承载能力评价相关概念及其发展

承载能力最早在英国人口学家马尔萨斯的名著《人口原理》中被赋予现代涵义,之后大量学者开展了广泛而卓有成效的研究，大大地丰富了承载能力概念的内涵。Park 等(1921)第一次提出了生态学领域的承载能力概念，即某一特定环境条件下（主要指生存空间、营养物质、阳光等生态因子的组合），某种个体存在数量的最高极限；Vogt(1949)研究人类对自然资源环境的过度开发所造成的生态变化，提出区域承载能力概念，以反映区域资源环境所能容纳的人口数量；Bishop 等(1974)提出“环境承载能力表明在一个可以接受的生活水平前提下，一个区域所能永久地承载人类活动的强烈程度”；Schneider 等(1978)强调“环境承载能力是自然或人造环境系统在不会遭到严重退化的前提下，对人口增长的容纳能力”；Peng 等(2016)认为资源环境承载能力是环境系统所能承受的人类各种社会经济活动的能力。目前国际学界普遍定义资源环境承载能力为地球或任何一个生态系统所能承受的最大程度的影响，20 世纪 90 年代以来不同尺度区域社会系统与资源环境的联系、资源环境的容量、极限和阈值等成为研究热点（张茂鑫等，2020）。

与此同时，国内学者也开展了一系列的资源环境承载能力相关研究。王学军(1992)提出“地理环境人口承载潜力”为“在一定时间、一定的空间内，在保持一定生活水准并不使环境发生不可逆化的前提下，生成的物质和全体环境要素状况所能容纳的最大人口限度”。刘殿生(1995)提出：“资源与环境综合承载能力是一个包括大气资源、水资源、土地资源、海洋生物资源以及大气环境、水环境稀释自净能力等方面综合因素的环境承载能力”。毛汉英和余丹林(2001)通过对环渤海地区资源环境承载能力研究，探讨了区域承载能力的定义、特点、影响因素，提出区域承载能力是指某个时间段的不同区域，在确保资源合理开发利用的条件下，资源环境能够承载的人口数量及相应的经济社会总量的能力。蒋辉和罗国云(2011)强调可持续发展下资源环境承载能力的时期性，认为不同时期下的资源环境承载能力是不尽相同的；张彦英和樊笑英(2011)认为支持经济社会发展的所有环境，是资源环境所要承载的对象，资源环境的数量、质量和空间分布，决定了经济社会发展能力。

整体而言，承载能力的概念在不断发展，并且已经应用到整个自然界乃至人类社会范畴，并且在其发展过程中，承载能力概念和意义也发生着不同的延伸。虽然不同承载能力概念之间有较大意义上的转变，但其本质还是相通的，都是用来描述区域系统对外部环境变化的最大承受能力。本书对资源环境承载能力的概念进行总结，定义为在某一时期、某种状态或条件下，某地区的资源环境所能承受人类活动作用与人口数量。2019 年自然资源部颁布《资源环境承载能力和国土空间开发适宜性评价技术指南（征求意见稿）》指出，资源环境承载能力是基于特定发展阶段、经济技术水平、生产生活方式和生态保护目标，一定地域范围内资源环境要素能够支撑农业生产、城镇建设等人类活动的最大规模。

党的十八大报告明确指出将优化国土空间开发格局上升为生态文明建设的首要任务，建设人与自然和谐共生的生产、生活、生态空间格局。2017 年 1 月颁布的《全国国土规划纲要(2016—2030)》的指导思想是要落实国土空间的差别化管理，使国土空间管理从单纯的数量管理走向数量、质量、生态并重的综合管理，它的实施标志着国家层面上正式有了国土空间战略性、综合性、基础性顶层设计。作为国土空间规划的前提，资源环境承载能力评价如何从国土空间规划的目的出发成为当前的热点问题。岳文泽和王田雨(2019)以及郝庆等(2019)分别讨论了国土空间规划中对资源环境承载能力评价需求以及评价的不足，提出应当摸清资源环境的本底条件，需要辨析资源环境承载能力中的“能力”“潜力”与“压力”的区别与内在联系，并构建符合国土空间规划的新变化、新需求的资源环境承载能力评价体系。何苏玲等(2022)尝试通过打破以行政区划为评价单元的限制开展基于栅格的承载能力评价，尝试让资源环境承载能力评价更满足实际的国土空间规划需求。汶婵和邢连凯(2021)从国土空间规划的视角出发进行了华亭县土地资源承载能力分析与预测，尝试为区域国土空间规划提供依据。

3. 评价方法

国土空间功能区划和资源环境承载能力的具体评价模型按照推理机制可分为两大类(刘耀林等，2005)：一类是基于知识驱动的方法，包括综合指数法、模糊综合评判方法等；另一类是基于样本学习和数据驱动的方法，包括人工神经网络方法、逻辑回归模型等(表 1.1)。

表 1.1　典型国土空间功能区划评价方法优缺点评述

评价方法	优点	缺点
综合指数法	选择因子和确定权重时能够有效利用专家的知识与经验，算法简单、计算方便	受限于因子权重计算方法的影响，评价结果存在一定程度主观性
模糊综合评判方法	能较好地解决模糊的、难以量化的问题，适合各类非确定性问题的解决	权重计算过于烦琐，合成运算时的“取小取大”的规则缺陷影响结果的准确性
人工神经网络方法	具有并行分部处理、自组织、自学习和健全性等优势，尤其在信息不完备情况下，对方案决策、知识处理等方面具有很强的能力	不能充分利用规则和专家经验，同时算法较复杂，存在一定的规则隐藏性
逻辑回归模型	可以筛选出对时间发生与否影响较为显著的因素，剔除不显著的因素，并能为每个显著的因素产生回归系数	同类指标之间的相关变量会导致多重共线性干扰，致使方法的稳定性和准确性降低

综合指数法是将整体分为部分，从多要素角度综合评价区域资源环境承载能力的方式，主要包括层次分析法、压力-状态-响应框架体系(PSR)、模糊评判及其衍生方法等。该方法是利用层次分析法确定权重及指标属性值，通过加权得到综合指数值。王奎峰等(2014)基于PSR 概念框架，对山东半岛的生态环境承载能力进行了评价；Hu 等(2021)基于 AHP-PSR 模型对山东潍坊市的生态脆弱性进行了评价；黄寰(2014)构建了与汶川地震极重灾区各县灾区自身发展相适应的资源环境承载能力评价指标体系，对各县的区域国土资源环境承载能力进行评价。

模糊综合评判方法：该方法根据模糊数学的隶属度理论把定性评价转化为定量评价，能较好地解决模糊的、难以量化的问题，适合各种非确定性问题的解决。王海鹏等(2017)利用模糊评价法和 Max Ent 相结合，研究兰州百合土壤适宜性指标，为该区发挥生态优势生产优质百合及合理进行种植区划提供理论依据。

人工神经网络方法：该方法通过模拟大脑神经网络处理记忆信息的方式处理信息，是一种非线性的信息处理系统，适用于对未归类的多维数据集作粗分类（刘洁等，1997）。李倩（2011）以赤壁市为研究区，结合人工神经网络模型，建立了一套更加适合土地集约利用评价体系，并进行了大量验证。陈巧燕（2017）通过人工神经网络算法模拟出各因子的非线性关系，建立了2种评价模型来进行耕地质量评价。

逻辑回归模型：该方法是一种对二分类或多分类因变量进行回归非分析时经常采用的非线性模型。吴楷钊等（2010）在分析前人研究的基础上，构建了一种基于空间的逻辑回归模型来分析和预测城市扩展，最后以新堡市为例进行了验证，有较高的精度。许冲等（2013）通过选择坡度等8个影响因子构建逻辑回归模型，建立了汶川地震滑坡危险性索引图，进行模型的成功率和预测率检测。

4. 存在的问题与发展趋势

国土空间功能区划研究经过国内外学者的共同推动发展，已经形成了丰富的理论基础和研究方法，但我国目前的研究仍存在很多不足：

（1）目前国土空间综合分区研究较少，区划理论和分区方法体系尚未形成统一，导致各区划或规划之间不协调，给国土空间统一管控和国家宏观管理带来不利影响。主流的评价模型——综合指数法和函数模型等还是以主观赋权为主，缺少客观赋权的科学方法应用，不能更好地体现出评价的科学性和准确性。在构建评价指标体系方面，指标选取由于涉及范围广、覆盖面大，比较笼统，缺乏针对性，不能很好地展示区域特征。

（2）基本评价单元不规范，评价大多以大尺度区域为主，小区域尺度的综合分区研究较少，在评价单元上不能体现出不同单元的不同的功能和政策体现。

（3）关于国土空间功能区划的研究大都是从各自学科背景的单一功能研究，没有综合考虑自然和人文因素，忽略了生态环境因素，空间多功能表达不足，国土空间区划与其他分区之间的联系不紧密。

（4）目前很多区划研究成果未能充分应用到国土空间开发利用中，区划成果与国土空间开发布局存在明显的脱节，存在规划约束力和空间落实性的不足。

基于上述存在的各种问题，结合近些年来国土空间功能区划的研究进展，在今后的发展中，国土空间功能区划研究将呈现出以下特点：

（1）国土空间功能区划研究相关理论和研究方法需要进一步完善，形成一套完善的、主导的研究方法。进一步深化国土空间功能区划评价单元划分的研究，评价模型的多元化，更加科学和准确，能为国土空间功能区划的实施提供依据。

（2）紧跟时代发展需求，实现区划与区域可持续发展相适应，国土空间功能区划研究从单要素向多要素，一般定性化、定量化向集成化转变已经成为主要趋势。在“多规合一”的理念下，整合各个资源要素对国土空间进行综合区划研究，以此为依据提出优化国土空间布局的建议，促进区域可持续发展，推动国土空间资源多功能的融合发挥。

（3）在我国国土空间规划体质改革的背景下，理顺空间规划体系，实现国土空间资源统一管控，切实提升国土空间治理效率，成为当前现实而迫切的要求。

由于承载能力是一个诞生时间并不长的概念，资源环境承载能力评价的主要问题在于承载能力的概念和内涵尚未形成共识，也导致评价方法等某些方面存在不足。主要表现在：

(1)承载能力的概念尚未统一，不同学者对资源环境承载能力的评价对象也不尽相同，评价结果可能因出发点不同而产生不同结果。

(2)资源环境承载能力评价指标量化的方法有待完善。构建评价指标体系时，寻找准确且不重复的评价因子，并对其合理分级量化是得到准确结果的关键。然而由于不同区域实际情况的差别，选取指标过于笼统，缺乏针对性，且多是在定性分析的基础上给出的，主观性太强，人为干扰大。

(3)评价中多强调资源环境对社会经济活动的限制作用，而忽视了人文社会因素的提升作用，因此评价侧重于承载能力现状静态分析，缺乏承载能力现状与承载能力潜力相结合的动态分析。

(4)资源环境承载能力评价应用不足。资源环境承载能力的评价多在理论研究，对已建地区进行评价，缺少将评价结果与实际开发进行对比，并对国土规划提供建议。

基于上述存在的问题以及取得的进展，在今后发展中，资源环境承载能力有待进一步深入研究，主要表现如下：

(1)资源环境承载能力评价更注重整体性评价，加强单要素评价之间的相互作用。

(2)资源环境承载能力定量化、系统化，建立起一套或多套完善的评价技术体系，可以应对不同地区不同条件下的资源环境承载能力评价。

(3)资源环境承载能力与空间规划紧密联系，在资源环境承载能力的基础上，结合土地利用现状或开发规划，进行主体功能区划。

1.3.2 武汉市国土空间资源环境承载能力评价与用途管制研究进展

李研等(2017)曾利用层次分析和熵权法对湖北省进行以县为单位的资源环境承载能力评价，但评价的精度不高，也未针对武汉市的特点进行讨论和构建适宜的评价体系。姜大川等(2016)、黄龙森(2015)分别进行了武汉市的水资源环境承载能力分析和评价，但均以行政边界为评价单元，精度不高，难以为国土空间规划提供参考。金贵(2014)尝试利用构建的国土空间三生分类体系对武汉城市圈的国土空间综合功能进行分区，但其划分依据仍不足够结合我国国情，国土空间标准地域单元的划分机制、方法及其动态调整在后续的研究中仍需强化。

在前人研究成果的基础之上，本书以武汉市资源环境禀赋条件为功能承载基础、“生态优先”为准则，充分考虑武汉市既定规划和发展，对武汉市国土空间的用途进行了区划，并依据资源环境承载能力定量计算了不同用途空间的允许开发强度，对不同子空间区域提出了适宜的管制对策(Qiu et al.，2022)。

1.4 武汉市国土空间资源环境承载能力评价与用途管制方案

1.4.1 目标与内容

本书在分析总结相关理论成果的基础上，详细调查了武汉市区域国土条件，辨析了武汉市的国土空间组成与资源禀赋条件，深入探究了武汉市资源环境承载能力、国土空间用途与人类开发利用相互作用的影响机制。通过收集资料、实地考察，本书查明了研究区的生态环境条件和自然资源条件，在此基础上建立了国土空间功能综合区划评价方法体系，开展各自然资源单要素功能评价与区划，主要包括土地资源、水资源、矿产资源和地质遗迹资源 4 个单要素。通过对自然资源的全面评价，弄清其有利条件和限制因素，并在此基础上，结合自然资源开发利用和国土空间开发利用现状，进行合理的国土空间用途区划。

本书以可持续发展理论、地球系统科学思想为指导，以保障区域地质资源可持续利用和实现区域地质环境/生态系统良性演化作为评价基准，构建区域国土空间资源环境承载能力评价与用途管制的技术体系。依托 GIS 软件平台分别开展武汉市国土空间资源功能区划、国土空间资源环境承载能力测算与分析以及国土空间用途分区，并在此基础上结合武汉市实际社会发展需求开展国土空间用途管制。本书的主要研究内容可以概括为以下几个方面：

(1)国土空间功能区划评价方法体系构建。在总结分析我国国土空间规划和分区研究现状的基础上，结合我国国土空间规划发展要求，以保障生态环境安全和自然资源合理开发利用为前提，提出研究区的国土空间功能区划研究方法，并且构建其技术框架。

(2)依次开展武汉市土地资源功能评价与区划、水资源功能评价与区划、地质资源功能评价与区划。

(3)开展武汉市资源环境承载能力综合评价，并将武汉市分为 3 个不同等级的资源环境承载能力分区：不超载区、临界超载区和超载区。

(4)国土空间用途区划研究。在上述各自然资源功能区划的基础上，结合研究区社会经济发展现状，并结合 GIS 空间分析技术，开展国土空间用途区划，并提出不同区域适宜的用途。

(5)根据资源环境承载能力综合评价及国土空间用途区划，进行武汉市国土空间用途管制，武汉市被划分为重点开发区、优化开发区、限制开发区和禁止开发区，与当地土地利用现状或国土规划结合进行更详细的区划，并对各主体功能区的资源环境承载能力进行分析。

1.4.2 武汉市国土空间资源环境承载能力评价与用途管制技术路线

根据野外实地调查结果和收集的资料，系统分析武汉市区域国土空间资源环境禀赋条件，构建资源环境承载能力评价和国土空间用途管制技术体系。然后开展各项资源单要素功能评价与区划专题研究，主要包括土地资源(生态功能评价、土地资源利用适应性评价)、水资源(地表水、地下水功能评价与区划)、地质资源(矿产资源和地质遗迹资源功能评价与区划)三个要素。在单一专题研究结果的基础上，结合武汉市土地利用现状及城镇发展规划，从功能角度实现多主题功能的融合的国土空间用途管制研究，并提供相应的保护对策和建议。

资源环境承载能力研究涉及社会资源、人口、环境、经济以及科学技术、政策等诸多方面内容，是一个因子众多、关系复杂的反馈系统。因此综合武汉市的资源环境承载能力，通过野外实地调研与室内归纳分析进行资料收集、理论体系研究，构建了资源环境承载能力评价指标体系；然后进行武汉市水资源、土地资源、地质环境、水环境各单要素承载能力评价，并利用GIS 软件绘制各单要素承载能力分区图。在此基础上，结合现有的规划以及国土空间资源功能区划评价结果进行武汉市国土空间用途区划。最后，以资源环境综合承载能力评价结果为主要依据，结合国土空间用途区划进行武汉市国土空间用途管制。具体研究技术路线如图 1.2 所示。

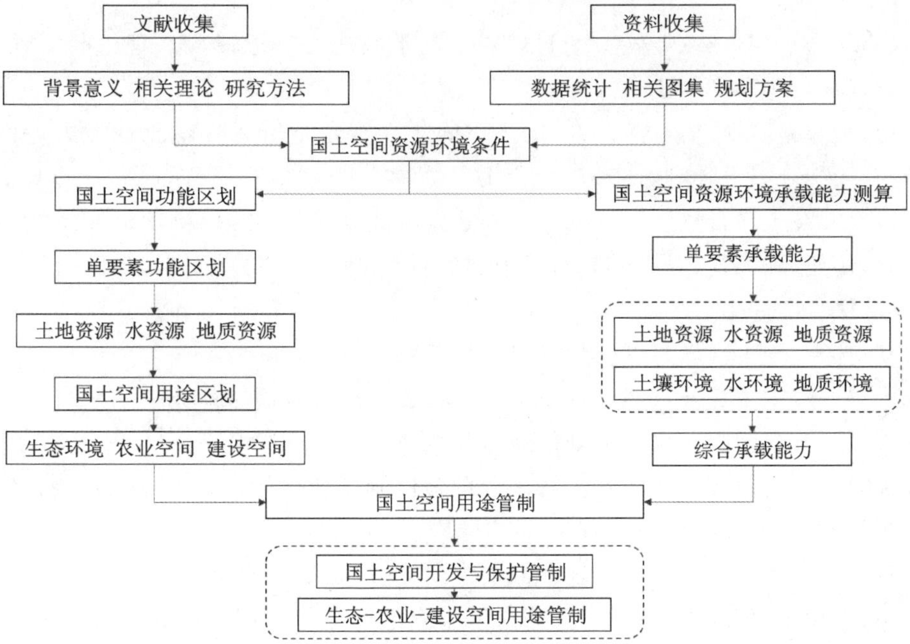

图 1.2　研究技术路线图

本章参考文献

蔡玉梅，顾林生，李景玉，等，2008. 日本六次国土综合开发规划的演变及启示[J]. 中国土地科学，22(6)：76-80.

常新，张杨，宋家宁，2018. 从自然资源部的组建看国土空间规划新时代[J]. 中国土地(5)：25-27.

陈巧燕，2017. 基于 BP 神经网络和支持向量机的耕地质量评价方法研究[D]. 福州：福建农林大学.

邓祥征，钟海玥，白雪梅，等，2013. 中国西部城镇化可持续发展路径的探讨[J]. 中国人口资源与环境，23(10)：24-30.

冯雪娇，2013.统筹协调区域土地利用研究[D].乌鲁木齐：新疆农业大学.

傅伯杰，刘国华，陈利顶，等，2001.中国生态区划方案[J].生态学报(1)：1-6.

高广生，1990.国土规划在协调生态环境与社会经济发展中的地位和作用[J].中国人口·资源与环境(3)：4-7.

高江波，黄姣，李双成，等，2010.中国自然地理区划研究的新进展与发展趋势[J].地理科学进展，29(11)：1400-1407.

郭旭东，谢俊奇，李双成，等，2015.土地生态学发展历程及中国土地生态学发展建议[J].中国土地科学，29(9)：4-10.

韩书成，濮励杰，2008.土地利用分区内容及与其他区划的关系[J].国土资源科技管理(3)：11-16.

郝庆，邓玲，封志明，2019.国土空间规划中的承载能力反思：概念、理论与实践[J].自然资源学报，34(10)：2073-2086.

何苏玲，王金亮，角媛梅，等，2022.国土空间规划视角下资源环境承载能力评价分析：以昆明市为例[J/OL].中国农业资源与区划：1-12[2022-01-04].

侯学煜，1988.中国自然生态区划与大农业发展战略[M].北京：科学出版社.

侯学煜，姜恕，陈昌笃，等，1963.对于中国各自然区的农、林、牧、副、渔业发展方向的意见[J].科学通报(9)：8-26.

胡序威，1982.国土规划与区域规划[J].经济地理(1)：3-8.

黄秉维，1959.中国综合自然区划草案[J].科学通报(18)：594-602.

黄秉维，1989.中国综合自然区划纲要[J].地理集刊，21：10-20.

黄寰，2014.汶川地震灾区生态经济系统耦合协调度评价研究：以十个极重灾区为例[J].西南民族大学学报(人文社科版)(12)：150-153.

黄龙森，2015.武汉市水资源环境承载能力研究[D].武汉：湖北大学.

姜大川，肖伟华，范晨媛，等，2016.武汉城市圈水资源及水环境承载能力分析[J].长江流域资源与环境，25(5)：761-768.

蒋辉，罗国云，2011.资源环境承载能力研究的缘起与发展[J].资源开发与市场，27(5)：453-456.

金贵，2014.国土空间综合功能分区研究[D].武汉：中国地质大学(武汉).

金贵，邓祥征，张倩，等，2017.武汉城市圈国土空间综合功能分区[J].地理研究，36(3)：541-552.

金贵，王占岐，姚小薇，等，2013.国土空间分区的概念与方法探讨[J].中国土地科学，27(5)：48-53.

李倩，2011.基于BP人工神经网络的城市土地集约利用评价研究[D].武汉：华中师范大学.

李研，刘艳芳，王程程，2017.基于AHP-熵权TOPSIS法的湖北省县域资源环境承载能力评价和空间差异分析[J].资源与产业，19(4)：41-51.

林超，1954.中国自然区划大纲(摘要)[J].地理学报，20(4)：395-418.

林家样，2004.日本国土政策及规划的最新动向及其启示[J].城市规划汇刊(6)：34-37.

刘殿生，1995.资源与环境综合承载能力分析[J].环境科学研究，8(5)：7-12.

刘国华，傅伯杰，1998.生态区划的原则及其特征[J].环境科学进展(6)：68-73.

刘洁，余英林，1997.一种改进的模糊类聚Kohonen网学习算法[J].华南理工大学学报(自然科学版)，25(9)：106-110.

刘燕华，郑度，葛全胜，等，2005.关于开展中国综合区划研究若干问题的认识[J].地理研究(3)：321-329.

刘耀林，焦利民，2005.基于计算智能的土地适宜性评价模型[J].武汉大学学报(信息科学版)(4)：283-287.

龙花楼，邹健，李婷婷，等，2012.乡村转型发展特征评价及地域类型划分：以“苏南—陕北”样带为例[J].地理研究，31(3)：495-506.

罗开富，1954.中国自然地理分区草案[J].地理学报(4)：379-394.

毛汉英，余丹林，2001.环渤海地区区域承载能力研究[J].地理学报，56(3)：363-371.

潘起胜，2018.中美“多规合一”比较研究[J].公共管理与政策评论，7(6)：52-67.

曲卫东，2004.联邦德国空间规划研究[J].中国土地科学，18(2)：58-64.

任美锷，杨纫章，1961.中国自然区划问题[J].地理学报，27(1)：66-74.

宋鸿，龙丹，柯尊礼，2009.武汉城市圈土地资源利用：现状、问题及对策[J].当代经济(22)：102-103.

托马斯·罗伯特·马尔萨斯，2018.人口原理[M].北京：中国人民大学出版社.

王海鹏，井彩巧，张鹏，等，2017.基于GIS和模糊评价法的兰州百合土壤适宜性评价[J].农业工程技术，37(29)：33.

王奎峰，李娜，于学峰，等，2014.基于P-S-R概念模型的生态环境承载能力评价指标体系研究：以山东半岛为例[J].环境科学学报，34(8)：2133-2139.

王学军，1992.地理环境人口承载潜力及其区际差异[J].地理科学，12(4)：322-327.

魏小芳，赵宇鸾，李秀彬，等，2019.基于“三生功能”的长江上游城市群国土空间特征及其优化[J].长江流域资源与环境，28(5)：1070-1079.

汶婵，邢连凯，2021.国土空间视角下的华亭县土地资源承载能力分析与预测[J].农业与技术，41(9)：97-101.

吴次芳，叶艳妹，吴宇哲，等，2019.国土空间规划[M].北京：地质出版社.

吴楷钊，吴波，2010.基于空间相关的逻辑回归模型的城市扩展模拟[J].河南大学学报(自然科学版)，40(3)：267-273.

席承藩，张俊民，丘宝剑，等，1984.中国自然区划概要[M].北京：科学出版社.1-165.

许冲，戴福初，徐素宁，等，2013.基于逻辑回归模型的汶川地震滑坡危险性评价与检验[J].水文地质工程地质，40(3)：98-104.

叶剑平，毕宇珠，2010.德国城乡协调发展及其对中国的借鉴：以巴伐利亚州为例[J].中国土地科学，24(5)：76-80.

岳文泽，代子伟，高佳斌，等，2018.面向省级国土空间规划的资源环境承载能力评价思考

[J]. 中国土地科学,32(12):66-73.

岳文泽,王田雨,2019. 资源环境承载能力评价与国土空间规划的逻辑问题[J]. 中国土地科学,33(3):1-8.

张茂鑫,吴次芳,李光宇,等,2020. 资源环境承载能力评价的再认识:资源节约集约利用的视角[J]. 中国土地科学,34(8):98-106.

张彦英,樊笑英,2011. 生态文明建设与资源环境承载能力[J]. 中国国土资源经济,24(4):9-11.

赵松乔,1983. 中国综合自然地理区划的一个新方案[J]. 地理学报(1):1-10.

周静,2019. 基于适宜性评价的国土空间划定研究[D]. 昆明:昆明理工大学.

周颖,濮励杰,张芳,2006. 德国空间规划研究及其对我国的启示[J]. 长江流域资源与环境,24(5):409-414.

ALEXIADIS S,2013. EU-27 Regions:absolute or club convergence[M]//ALEXIADIS S,Convergence Clubs and Spatial Externalities. Heidelberg Springer:119-139.

ARROW K, BOLIN B, COSTANZA R, et al. , 1995. Economic growth, carrying capacity,and the environment[J]. Science,268(5210):520.

BAILEY R G,1983. Delineation of ecosystem regions[J]. Environmental Management,7(4):365-373.

BAILEY R G,1989. Explanatory to ecoregions map of the continents[J]. Environmental Conservation,16(4):307-309.

BAILEY R G,2009. Ecoregions of the United States[M]// BAILEY R G, Ecosystem Geography. New York:Springer:93-114.

BISHOP A B,FULLERTON H H,CRAWFORD A B,et al. ,1974. Carrying capacity in regional environmental management[J]. Conservation in Practice,1(1):17-24.

ERBA S D,2005. Distribution of regional income and regional funds in Europe 1989-1999:An exploratory spatial data analysis[J]. The Annals of Regional Science,39(1):121-148.

HIGGINS A J,HAJKOWICZ S,2008. A model for landscape planning under complex spatial conditions[J]. Environment Modelling & Assessment,13(4):459-471.

HU X ,MA C ,HUANG P,et al. ,2021. Ecological vulnerability assessment based on AHP-PSR method and analysis of its single parameter sensitivity and spatial autocorrelation for ecological protection—A case of Weifang City,China[J]. Ecological Indicators,125.

KLIJN F,HAES H,1994. A hierarchical approach to ecosystems and its implications for ecological land classification[J]. Landscape Ecology,9(2):89-104.

LIU Y S,FANG F,LI Y,2014. Key issues of land use in China and implications for policy making[J]. Land Use Policy,40(1):6-12.

MA C,WU M,HU X J,et al. ,2020. Geo-environment risk assessment in Zhengzhou City,China[J]. Geomatics Natural Hazards & Risk,11(1):40-70.

OMERNIK J M, ROBERT G B, 1997. Distinguishing between watersheds and ecoregions[J]. Jawra Journal of the American Water Resources Association,33(5):935-949.

PARK R E, BURGESS E W, 1921. Introduction to the science of sociology[M]. Chicago:University of Chicago Press.

PENG J,DU Y,LIU Y,et al.,2016. How to assess urban development potential in mountain areas? An approach of ecological carrying capacity in the view of coupled human and natural systems[J]. Ecological Indicators,60:1017-1030.

QIU Y,ZHOU A,LI M,et al.,2022. Territorial spatial usage regulation based on resources endowment and sustainable development:a case of Wuhan,China[J]. Journal of Cleaner Production:135771.

SCHNEIDER D M,GODSCHALK D R,AXLER N,1978. The carrying capacity concept as a planning tool[M]. Chicago:American Planning Association.

STRUBELT W,GATZWEILER H,KALTENBTUNNER R,2001. Study Programme on European Spatial Planning:Final Report[M]. Federal Ministry of Transport,Building and Housing.

VIEGAS M,ANTUNES M,2013. Convergence in the Spanish and Portugues NUTS 3regions:An exploratory spatial approach[J]. Intereconomics,48(1):59-66.

ZHENG D,1999. A study on the eco-geographic regional system of China[C]. FAO FRA2000 Global Ecological Zoning Workshop,Cambridge,UK. 12.

第2章 国土空间资源环境条件

2.1 概 述

查明国土资源环境条件是开展承载能力评价和国土空间功能区划的基础与前提。本书在前人成果的基础上结合课题组实地调研采样以及文献收集等手段进行了武汉市国土空间资源环境条件调查，查明了包括自然地理条件、基础地质条件、水文地质条件和生态条件等的国土空间组成要素，查清了包括土地资源、水资源、地质资源的数量、质量和空间分布，并在此基础上进一步分析了武汉市的国土资源环境条件。

2.2 国土空间组成条件

2.2.1 自然地理条件

1. 位置范围

武汉市位于中国中部、江汉平原东部(E113°41′—E115°05′，N29°58′—N31°22′)，世界第三大河长江及其最大支流汉江在城中交汇，形成武昌、汉口、汉阳三镇鼎立的格局，市内江河纵横、湖港交织，水域面积占全市总面积的1/4，全市总面积8 569.15km²。武汉市下辖江岸区、江汉区、硚口区、汉阳区、武昌区、青山区、洪山区、蔡甸区、江夏区、黄陂区、新洲区、东西湖区和汉南区13个行政区(图2.1)。

2. 地形地貌

武汉市地处江汉平原东部，以平原地貌为主，岗地和丘陵次之，地势为东高西低，南高北低，中间被长江、汉江呈“Y”字形切割成三块，谓之“武汉三镇”。武汉城区南部分布有近东西走向的条带状丘陵，四周分布有比较密集的树枝状冲沟，境内大小近百个湖泊星罗棋布，形成了水系发育、山水交融的复杂地形。最高点高程770m左右，最低陆地高程约0m(图2.2)。根据形态成因，武汉地区大致可划分为冲积平原、湖积平原、剥蚀堆积岗状平原、侵蚀剥蚀低丘陵、侵蚀剥蚀高丘陵和侵蚀剥蚀低山等地貌类型(图2.3)。

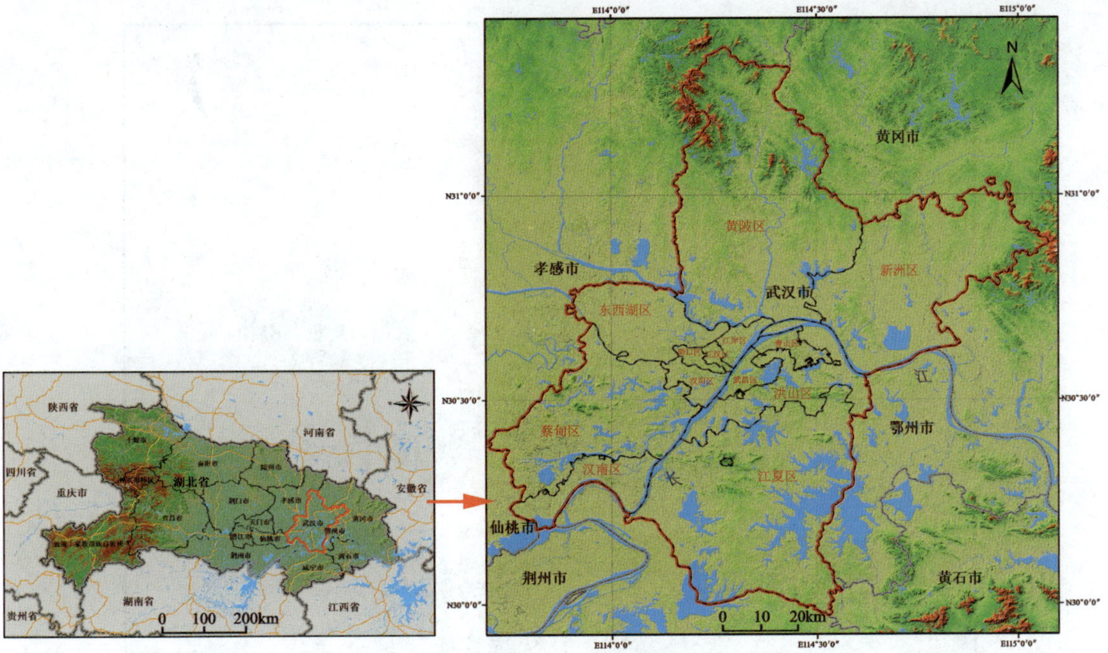

图 2.1　武汉市位置范围图

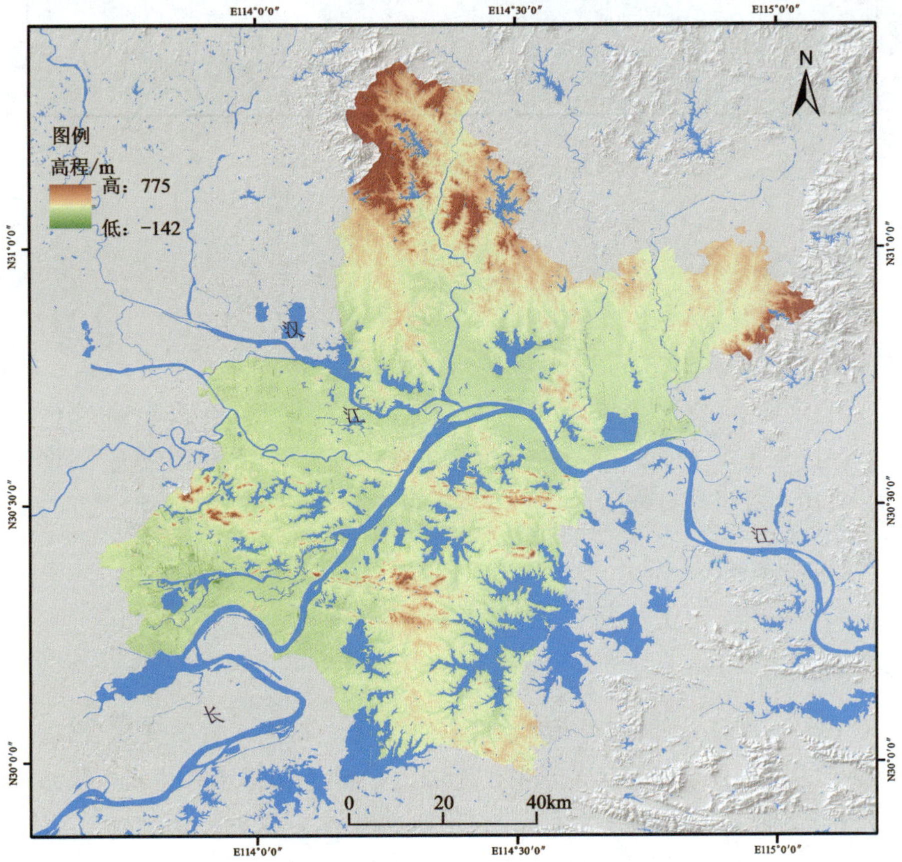

图 2.2　武汉市高程分布图

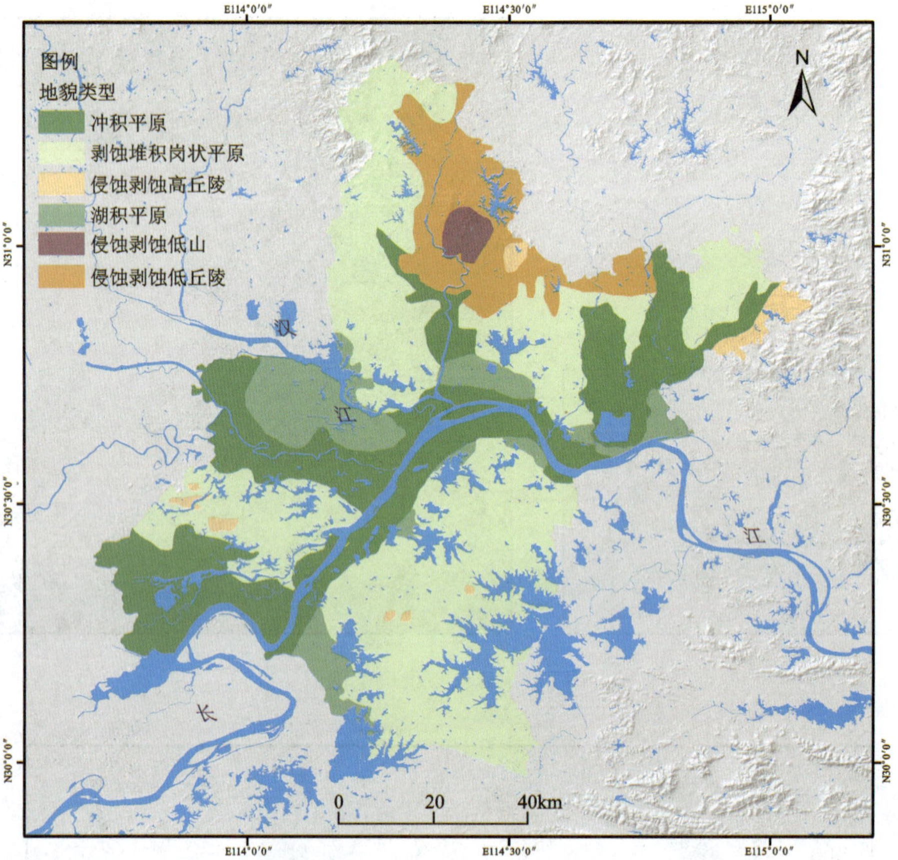

图 2.3 武汉市地貌类型分布图

3. 气象水文

武汉地处中低纬度，属亚热带季风性湿润气候区，受季风影响明显，具有四季分明，春秋季冷暖变化大，夏高温、降水集中，冬季少雨雪，较严寒等特点。多年平均降水量为 1150～1450mm，降水主要集中在农作物需水的 6～8 月份，近 5 年来最大年降水量 2 107.1mm，最大日降水量 332.6mm(图 2.4)；多年平均日照为 1950～2050h，日照时间较充裕；多年平均气温在 17℃左右，其中 8 月份气温较高。

2.2.2 地质条件

1. 地层岩性

武汉市区内分布的是元古宙至新生代地层(表 2.1)。区内元古宙变质岩仅分布在黄陂、新洲区东北部。古生代地层多隐伏于新生代地层之下，地表出露不广。新生代新近纪地层地表未见出露，埋于第四系松散堆积物之下。自第四纪以来，武汉地壳运动处于沉降时期，因此大面积覆盖了第四纪地层，松散堆积物约占全市面积的 1/3(图 2.5)。

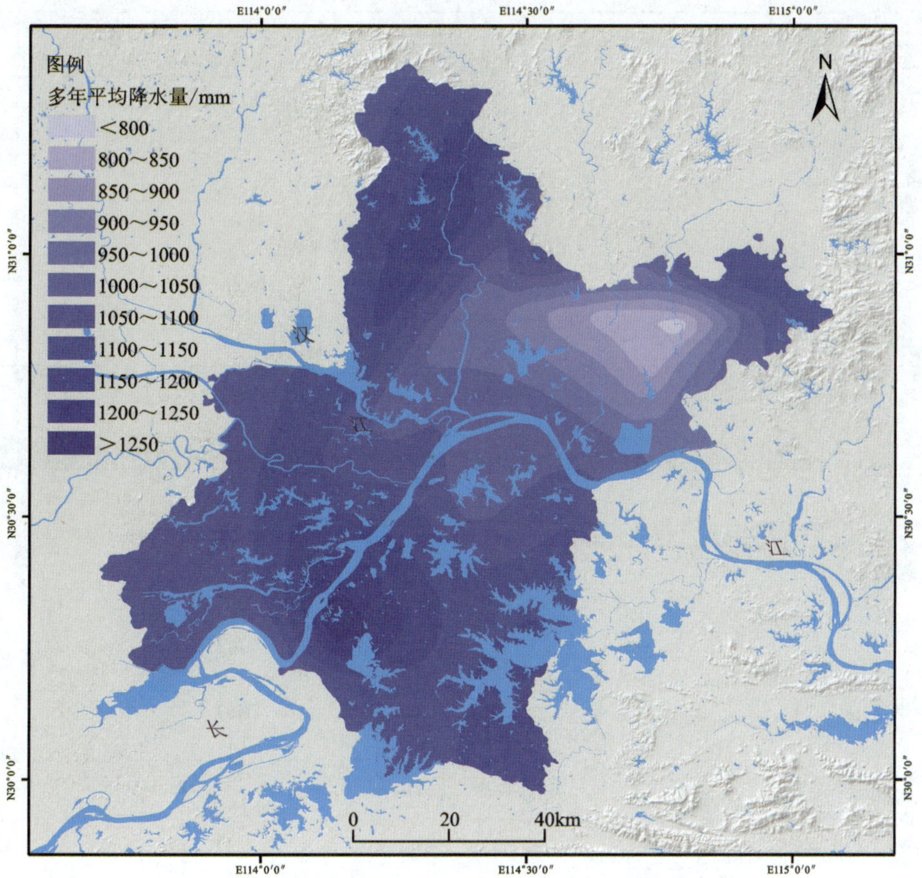

图 2.4　武汉市多年平均降水分布图

2. 地质构造

武汉市大地构造上处于淮阳"山"字形弧顶西侧与新华夏系第二沉降带的复合部位，跨及扬子准地台和秦岭-大别造山带两个Ⅰ级构造单元，以襄(樊)-广(济)深断裂为界，北为秦岭-大别造山带，南为扬子准台地。桐柏-新洲断裂过境，造成南北错开、东西不相连的复杂构造。秦岭-大别造山带进一步划分为桐柏-大别隆起(Ⅱ级)的桐柏山复背斜(Ⅲ级)，本区出现大悟褶皱和新洲凹陷两个Ⅳ级构造单元。南部扬子准地台进一步划分为扬子台坪(Ⅱ级)的大冶台褶带(Ⅲ级)，本区仅出露武汉台褶束、梁子湖凹陷两个Ⅳ级构造单元(图 2.6)。

2.2.3　水文地质

自古生代以来，武汉市沉积了一套海陆交互相的碎屑岩及碳酸盐岩地层，第四系松散堆积层分布广泛；经过长期的构造运动和地下水侵蚀作用，地层及松散堆积物中裂隙、孔隙洞穴等较发育，为地下水的赋存、运移提供了有利的空间。

表 2.1 武汉市综合地层表

年代地层 界	系	统	阶	生物地层	岩石地层 厚度/m	组	代号	层序地层 体系域	层序	相对海平面变化曲线（降—升）	备注
新生界	第四系	全新统			55.6	走马岭组	Qhz				
		更新统			52.3	青山组	Qp_3q				
					29.6	王家店组 / 辛安渡组	Qp_2w / Qp_2x				
					6.6	阳逻组 / 东西湖组	Qp_1y / Qp_1d				
	新近系	上新统									
		中新统			>12	广华寺组	N_1g				
	古近系	渐新统									
		始新统									
		古新统			>500	公安寨组	K_2E_1g				山间盆地
中生界	白垩系	上统									
		下统									
	侏罗系	下统									
	三叠系	上统			>188	王龙滩组	T_3J_1w				燕山运动 河流相、湖相
		中统			>500	蒲圻组	T_2p				印支运动 陆湖相
			青岩阶		>100	嘉陵江组	$T_{1-2}j$				局限台地 开阔台地 局限台地
		下统	巢湖阶		>100	大冶组	T_1d				台地浅滩 开阔台地 浅海陆棚
			殷坑阶								
上古生界	二叠系	上统	长兴阶		19.4	大隆组	P_3d	SB2 HST SS TST	Psq5		外陆棚 滞留盆地 浅海陆棚
			吴家坪阶	—Codonofusiella	58.89	龙潭组	P_3l	SB2 HST TST	Psq4		三角洲前缘 沼泽
		中统	冷坞阶		42.51	孤峰组	P_2g	SB1 HST SS TST	Psq3		东吴运动 台盆边缘 滞留盆地
			茅口阶	—Pseudodoliolin							
			祥播阶	—Misellina	105.29	栖霞组	P_2q	SB2 HST msf TST	Psq2		开阔台地 台地边缘 开阔台地
			栖霞阶	—Nankinella–Pisolina–Sphaerulina				SB2 HST	Psq1		台地生屑滩 开阔台地
		下统	隆林阶		0～2.5	梁山组	P_1l	TST SB1			沼泽
	石炭系	上统	逍遥阶		0～5	船山组	C_2c	LHST	Csq3		海西运动 台地浅滩
			达拉阶	—Fusulina–Beedeina	15.5～50	黄龙组	C_2h	EHST			开阔台地
			滑石板阶		25.07	大埔组	C_2d	TST			局限台地
		下统	大塘阶	—Tolypammina fortis–T. hubeiensis	25～48.4	和州组	C_1h	SB1 HST TST	Csq2		淮南运动 有障壁海岸
					24～46.28	高骊山组	C_1g	SB2 HST TST	Csq1		
	泥盆系	上统	锡矿山阶	—Cyrtospirife sinensis–Spinatrypina douvillii	30.26	黄家蹬组	D_3h	SB1 HST TST	Dsq2		江南运动 无障壁海岸
			佘田桥阶	—Protolepidodendron scharyanum–Barrandeina dusliana	42～94.06	云台观组	D_3y	SB2 HST TST TS SB1	Dsq1		
下古生界	志留系	中统	安康阶		>174	坟头组	S_2f	HST	Ssq1		加里东运动 三角洲 浅海陆棚
新元古界	青白口系				>500	武当群	QbW				

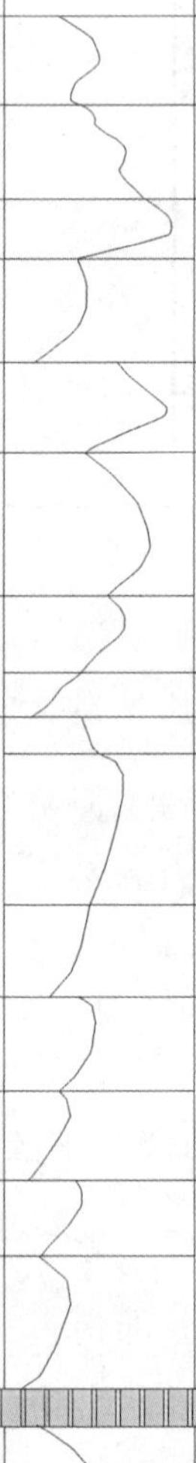

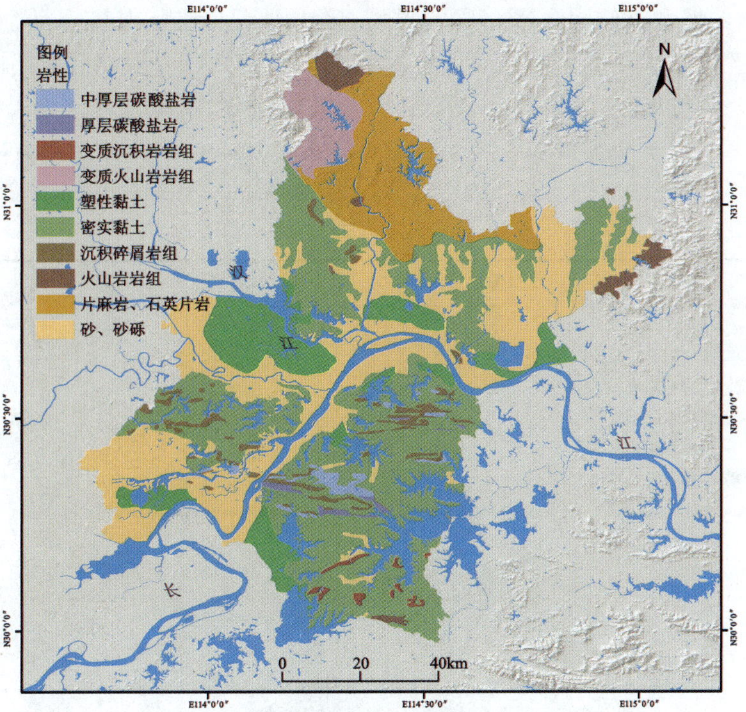

图 2.5　武汉市地层岩性图

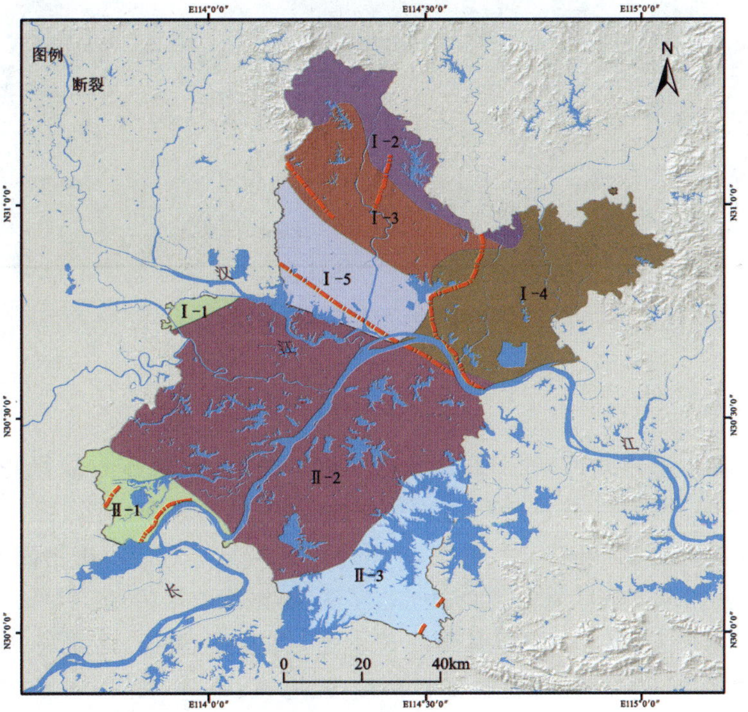

Ⅰ.秦岭-大别造山带；Ⅰ-1.桐柏-大别隆起带；Ⅰ-2.英山-红安超高压变质岩系折返带；Ⅰ-3.木兰山-西望高压变质岩系折返带；Ⅰ-4.麻城-新洲凹陷；Ⅰ-5.随南陆缘裂谷；Ⅱ.扬子准地台；Ⅱ-1.江汉断陷盆地；Ⅱ-2.武汉台地褶冲带；Ⅱ-3.梁子湖凹陷

图 2.6　武汉市构造图

根据地下水的埋藏条件及含水介质的类型，区内地下水划分为基岩裂隙水、松散岩类孔隙水、碎屑岩类孔隙水和碎屑岩夹碳酸盐岩含水层(图 2.7)。此外，在区内还广泛分布有弱含水黏土。松散岩类孔隙水又据水动力特征划分为孔隙潜水、孔隙承压水两个亚类，而碳酸盐岩岩溶裂隙水、碎屑岩类裂隙水和变质岩风化裂隙水按其埋藏条件各划分为裸露型与覆盖型两个亚类。

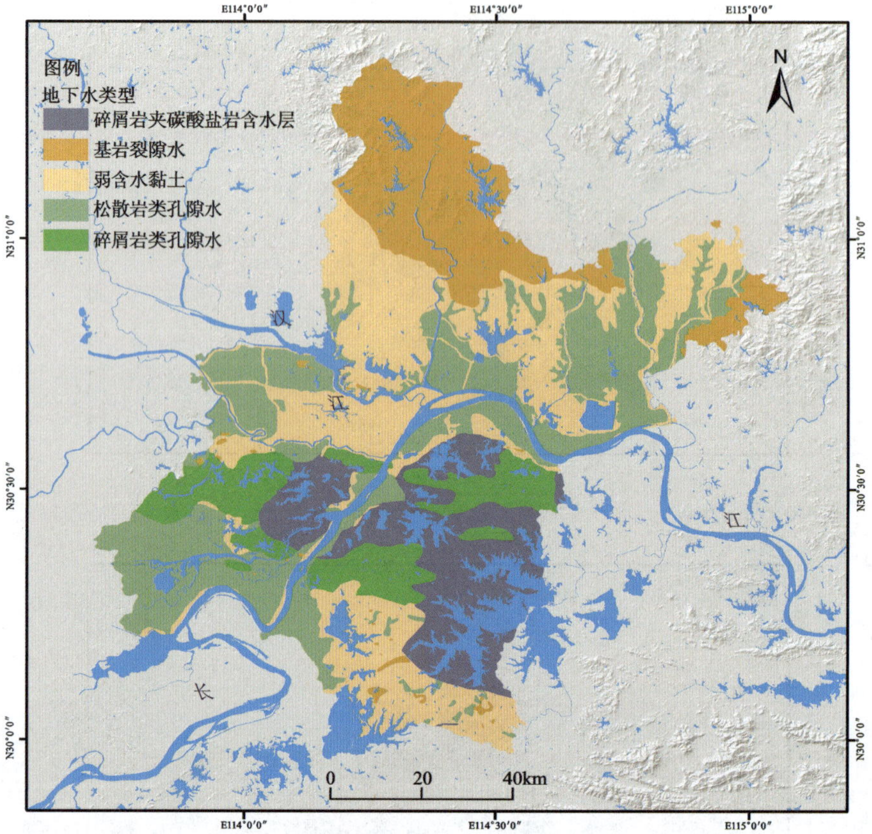

图 2.7　武汉市水文地质图

2.2.4　生态条件

武汉市湿地野生动物共计 355 种，隶属于 38 目 82 科，属国家重点保护的动物种有 38 种，其中有东方白鹳、黑鹳、中华秋沙鸭等国家一级保护动物 10 种，有江豚、灰鹤等国家二级保护动物 28 种，分别占全国相应总数的 10.75%和 11.67%。武汉市植物区系属中亚热带常绿阔叶林向北亚热带落叶阔叶林过渡的地带。全市森林覆盖率为 28%，活立木蓄积量 $6.49\times10^6\,m^3$，主要树种有四大类：一是园林绿化观赏类，有雪松、桂花、梅花等；二是用材林树种类，有杉木、杨树、水杉、毛竹等；三是经济林树种类，有桃、梨、板栗、茶树等；四是乡土兼用林树种类，有油茶、刺槐、银杏等。据统计，全市的蕨类和种子植物有 106 科 607 属 1066 种，兼具南方和北方植物区系成分。常绿阔叶林和落叶阔叶林组成的混交林是全市典型的植被类型(图 2.8)。

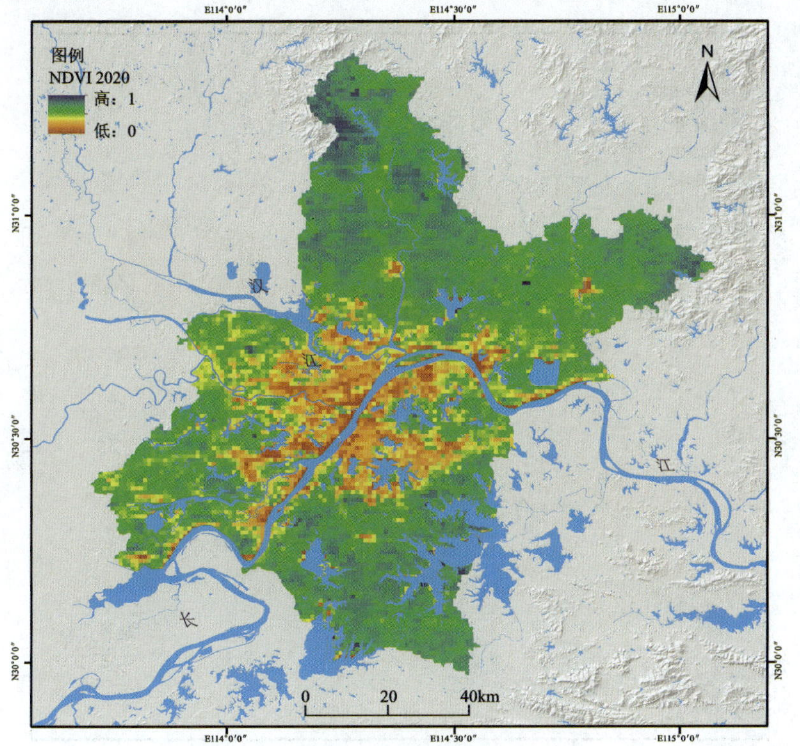

图 2.8　武汉市植被覆盖情况分布图

2.3　国土资源环境条件

2.3.1　国土资源条件

1. 土地资源条件

据《武汉市国土空间“十四五”规划》统计：2020 年武汉市耕地保有量达到 3029km²，占全市总面积的 35.35%；城镇建设用地总规模约 1019km²，占比 11.89%；林地保有量约 1 777.8km²，占比 20.75%(图 2.9)。规划到 2025 年，全市生态保护红线面积为 793.36km²，林地保有量不少于 1 777.8km²，城镇建设用地总规模 1200km²，常住人口 1380 万人，城镇化率 86.5%，人均城镇建设用地 101m²，人均公园绿地达到 15.0m²。

2. 水资源条件

武汉水资源丰富，市域内江河纵横、湖港交织，长江、汉江交汇于市境中央，且接纳南北支流入汇，众多大小湖泊镶嵌在大江两侧，形成湖泊水网。全市共有水域面积 2 117.6km²，占全市总面积的约 24.71%，居全国省会城市之首。武汉市通长江，纳汉江，接三河(金水河、通顺河、府河)，汇三水(滠水、倒水、举水)。市境内有大小湖泊 166 个，承雨面积在 5km² 以上的有 65 个。地下水水量丰富，具有水质较好、埋藏浅、易开采等优点。

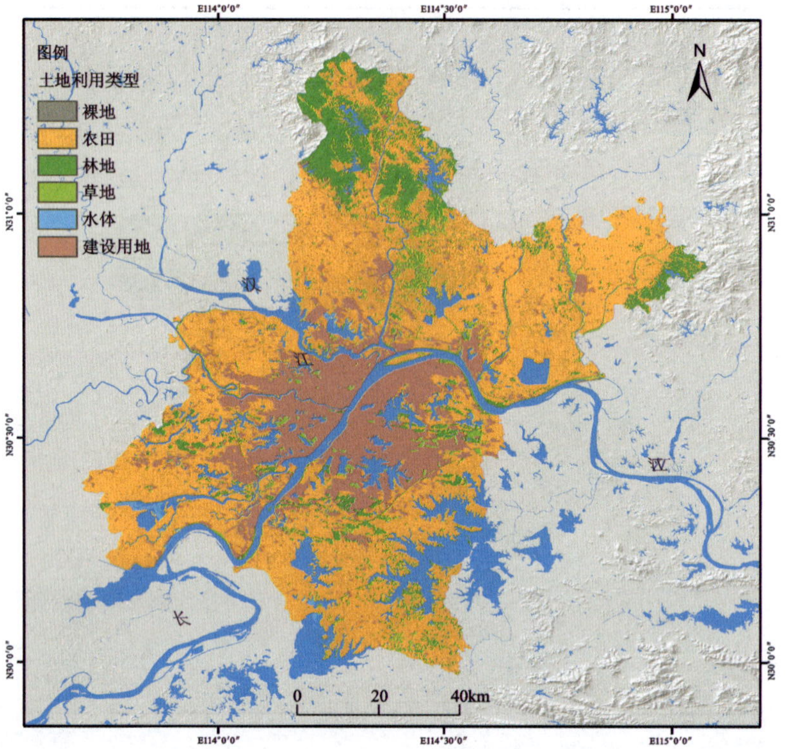

图 2.9　武汉市 2020 年土地利用类型分布图

据《2020 年武汉市水资源公报》，2020 年，武汉市降水量 1 928.3mm，折合降水总量 $163.79\times10^8 m^3$，属偏丰年份。全市水资源总量 $115.42\times10^8 m^3$，地表水资源量 $112.37\times10^8 m^3$，地下水资源量 $16.90\times10^8 m^3$，其中地表水、地下水重复计算量为 $13.85\times10^8 m^3$。全市过境水量 $8907\times10^8 m^3$，其中长江、汉江过境水量达 $8793\times10^8 m^3$。

武汉市地下水资源丰富，年均净储量达 $127.9\times10^8 m^3$，浅层淡水资源为 $15\times10^8 m^3$，可开采的地下水资源量为 $(0.6\sim11)\times10^8 m^3$，年可开采储量约 $4\times10^8 m^3$。全市多年平均地下水资源量为 $11.014\times10^8 m^3$，其中平原区多年平均为 $9.640\times10^8 m^3$，山丘区多年平均为 $1.670\times10^8 m^3$，山丘区和平原区重复量为 $0.296\times10^8 m^3$。地下水补给模数平均为 $19.90\times10^4 m^3/(km^2\cdot a)$（表 2.2）。

表 2.2　2020 年武汉市各区水资源量统计表

行政分区	计算面积/km^2	年降水量/$10^8 m^3$	地表水资源量/$10^8 m^3$	地下水资源量/$10^8 m^3$	地下水重复计算量/$10^8 m^3$	水资源总量/$10^8 m^3$	产水模数/($\times10^4 m^3/km^2$)
中心城区	955.16	18.05	9.78	1.66	1.21	10.23	115.20
江夏区	2 018.31	40.42	25.13	3.71	2.99	25.85	128.61
黄陂区	2 256.70	38.71	24.52	4.44	3.90	25.06	110.84
新洲区	1 463.43	28.26	19.94	3.31	2.76	20.49	136.60
蔡甸区	1 093.17	23.55	21.37	2.47	2.05	21.79	196.66

续表 2.2

行政分区	计算面积/km^2	年降水量/$10^8 m^3$	地表水资源量/$10^8 m^3$	地下水资源量/$10^8 m^3$	地下水重复计算量/$10^8 m^3$	水资源总量/$10^8 m^3$	产水模数/($\times 10^4 m^3/km^2$)
汉南区	287.05	5.95	5.94	0.54	0.38	6.10	211.81
东西湖区	495.34	8.85	5.69	0.77	0.56	5.90	134.40
全市	8 569.15	163.79	112.37	16.90	13.85	115.42	135.88

3. 地质资源条件

武汉市矿产资源较丰富，全市已发现矿产 40 种（含亚种），包括：能源矿产，煤炭、地热 2 种；金属矿产，金、铁、锰和铜 4 种；非金属矿产，建筑石料用砂岩、建筑石料用灰岩、建筑用白云岩、建筑用砂、水泥用灰岩、制灰用灰岩、玻璃用砂岩、熔剂用灰岩、冶金用白云岩和冶金用石英岩、膨润土、石膏等；水气矿产，矿泉水 1 种。发现矿产地共有 251 处，已有 24 种矿产查明资源储量，包括能源矿产、金属矿产、水气矿产各 1 种，建材类和冶金辅助原料类等非金属矿产 21 种，并有查明矿产地共 206 处。查明矿产中，建材类和冶金辅助原料类非金属矿产的资源储量占了绝大部分，且矿产分布较集中，矿床（矿产地）规模较大，地域特色较明显（图 2.10）。

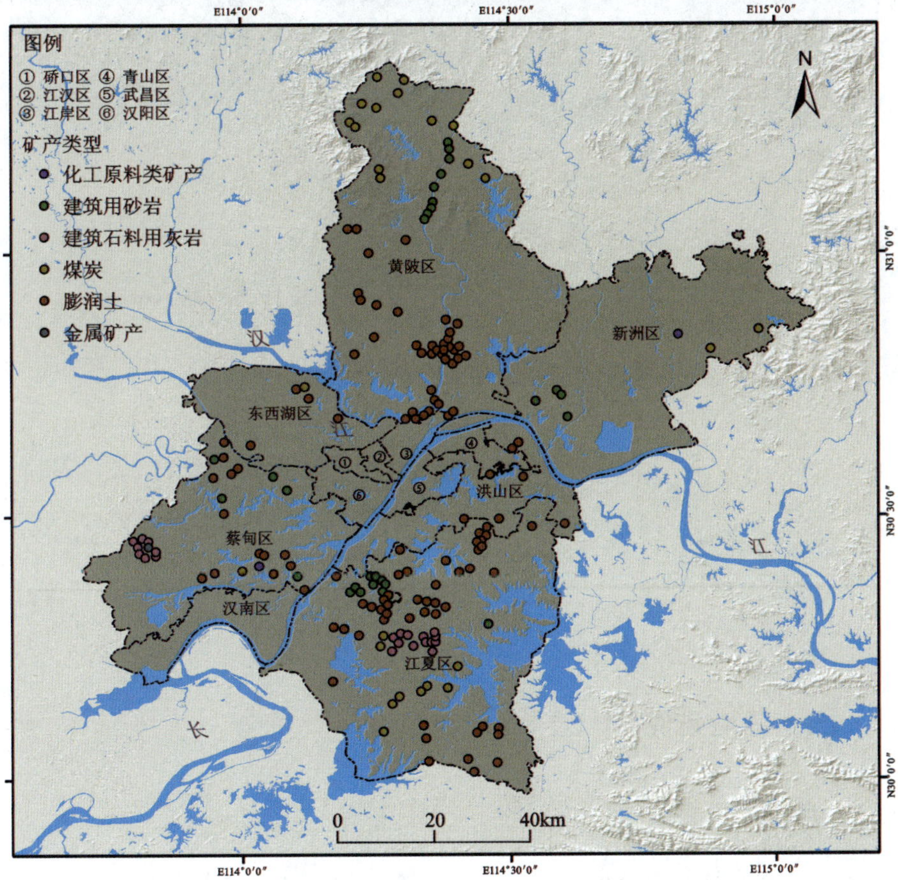

图 2.10 武汉市矿产资源分布图

地质遗迹是由内外动力地质作用形成、发展、演化并保留下来的地球历史的真实记录，是不可再生的地质自然遗产。武汉地处江汉平原与鄂东南丘陵过渡地带，兼具两者之特色，市内江河纵横、湖港交织、山湖掩映，构成了滨江滨湖水域生态环境，长江与汉江的交汇造就了武汉隔两江立三镇的特殊地理格局。其大地构造位置跨及桐柏-大别造山带和扬子板块两个构造单元，历经元古宙至新生代各个地质时代的演变，岩层和构造复杂多样，区域内保存有大量的地质遗迹，有着巨大的科学、文化和旅游价值。

武汉市地质遗迹景观以河湖地质景观为主要特色。此外，岩土体地貌景观、地层剖面和古动植物化石亦较为发育：主要有汉江与长江汇流、东湖、天兴洲等河湖地质景观，龟山与蛇山碎屑岩、江夏区八分山白云洞岩溶地貌等岩土体地貌景观，新洲阳逻砾石层地层剖面，汉阳锅顶山鱼古动物化石、东西湖区斜方薄皮木、新洲阳逻化石木等古动植物化石（图 2.11）。

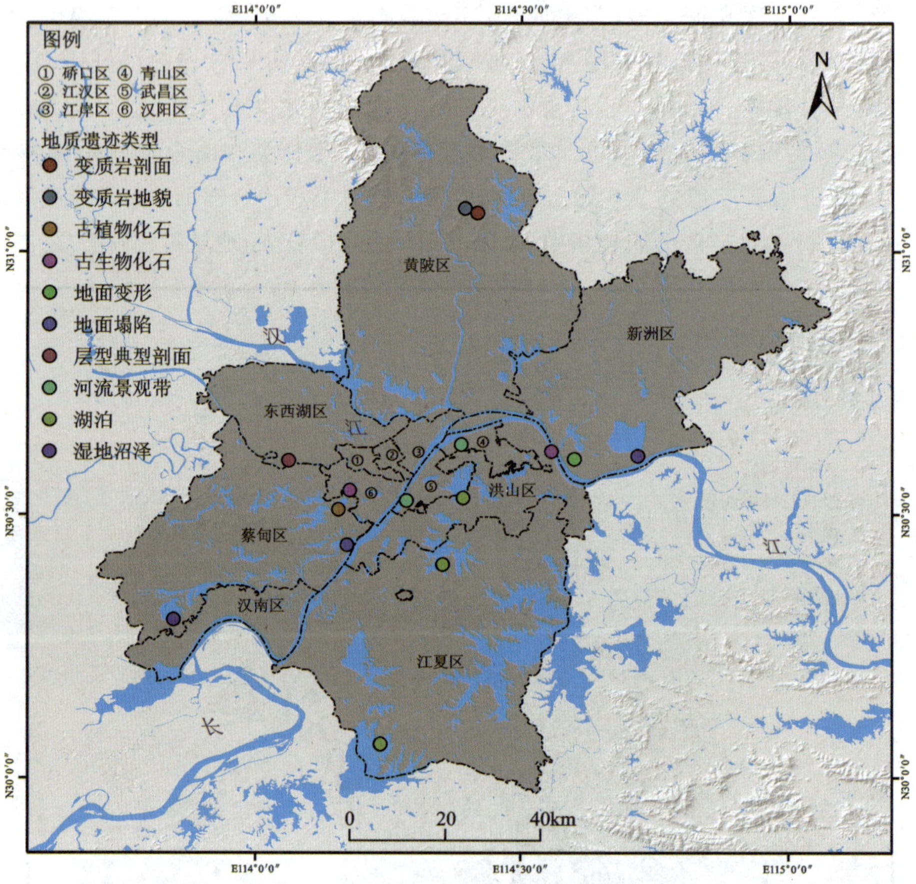

图 2.11　武汉市地质遗迹分布图

2.3.2　国土环境条件

1. 土壤环境条件

土壤环境条件是表征一个地区是否适合从事农业生产活动的关键因素，土壤有机质含量是评价土壤肥力状况的一个指标，有机质含量高的土壤肥力较高，有利于作物生长。武汉市土壤有机质丰富区主要分布在东西湖区、蔡甸区和汉南区，土壤重金属含量较高的区域主要分布在武汉市中部核心地区。

2. 水环境条件

据《2020 年武汉市水资源公报》，2020 年长江、汉江及其 9 条支流在武汉市内共 30 个监测断面，其中 24 个断面水质达到或优于Ⅲ类，5 个断面为Ⅳ类，1 个断面为Ⅴ类；全市 166 个湖泊中除张毕湖和金潭湖未监测外，2 个湖泊水质达到Ⅱ类，22 个达到Ⅲ类，82 个为Ⅳ类，52 个为Ⅴ类，还有 6 个湖泊为劣Ⅴ类；全市 9 座大中型水库全部达到Ⅲ类及以上水质。武汉市内共有 46 个饮用水源地，其中，城镇集中式饮用水源地 18 个，乡镇集中式饮用水源地 28 个；河流型水源地 31 个以及湖库型水源地 15 个，所有集中式饮用水源地全部达到Ⅲ类及以上水质。另据本课题组 2018 年实地调查结果，武汉市地表水质量情况如表 2.3 所示。

表 2.3　武汉市河流监测站水质现状及水质目标

河流名	采样断面位置	水功能区		目标	水质
		一级区	二级区		
长江	纱帽、纸坊	长江嘉鱼-武汉保留区		Ⅱ类	Ⅱ类
	油库码头	长江武汉开发利用区	长江武汉汉阳饮用水源、工业用水区	Ⅱ类	Ⅱ类
	汉口江滩		长江武汉大桥景观娱乐工业用水区	Ⅱ类	Ⅱ类
	堤角		长江武汉江岸饮用水源、工业用水区	Ⅱ类	Ⅱ类
	朱家河口		长江武汉朱家河排污控制区	Ⅲ类	Ⅳ类
	谌家矶		长江武汉朱家河过渡区	Ⅱ类	Ⅳ类
	阳逻深水港		长江武汉城区及新洲工业、农业用水区	Ⅱ类	Ⅱ类
	白沙洲		长江武汉城区饮用水源、工业用水区	Ⅱ类	Ⅱ类
	平湖门		长江武汉武昌景观娱乐用水区	Ⅱ类	Ⅱ类
	江滩月亮湾		长江武汉武昌排污控制区	Ⅲ类	Ⅱ类
	徐家棚		长江武汉武昌过渡区	Ⅱ类	Ⅱ类
	余家头		长江武汉青山工业用水区	Ⅱ类	Ⅱ类
	工业港		长江武汉武钢排污控制区	Ⅲ类	Ⅱ类
	王家洲		长江武汉武钢过渡区	Ⅱ类	Ⅱ类
	武钢		长江武汉王家洲工业用水区	Ⅱ类	Ⅱ类
	北湖闸		长江武汉北湖闸排污控制区	Ⅲ类	Ⅱ类
	联丰村		长江武汉北湖闸过渡区	Ⅱ类	Ⅱ类
	葛店		长江武汉葛店饮用水源、工业用水区	Ⅱ类	Ⅱ类

续表 2.3

河流名	采样断面位置	水功能区		目标	水质
		一级区	二级区		
汉江	余家台	汉江武汉保留区		Ⅱ类	Ⅱ类
	蔡甸张湾	汉江武汉开发利用区	汉江武汉蔡甸、东西湖区农业、工业用水区	Ⅱ类	Ⅱ类
	宗关、杨家湾、佘氏墩、琴断口		汉江武汉城区、蔡甸、东西湖区饮用水源、工业用水区	Ⅱ类	Ⅱ类
通顺河	黄陵矶闸、黄陵大桥	通顺河保留区		Ⅱ类	Ⅱ类
金水	金水闸	金水江夏保留区		Ⅱ类	Ⅱ类
府河	塔尔头	涢水云梦-武汉保留区		Ⅱ类	Ⅱ类
	府河大桥	涢水(朱家河)武汉开发利用区	涢水(朱家河)武汉排污控制区	Ⅴ类	Ⅳ类
滠水	长轩岭	滠水黄陂上段保留区		Ⅱ类	Ⅱ类
	前川	滠水黄陂开发利用区	滠水黄陂饮用水源区	Ⅱ类	Ⅱ类
	五通口	滠水黄陂下段保留区		Ⅱ类	Ⅱ类
倒水	龙口、刘溪上游1km处、李家集	倒水红安-新洲保留区		Ⅱ类	Ⅱ类
举水	柳子港	举水闵家集-三店保留区		Ⅱ类	Ⅱ类
	邾城新大桥	举水新洲开发利用区	举水新洲饮用水源、工业用水区	Ⅱ类	Ⅱ类
	涨渡湖入河口上游1km处	举水新洲-团风保留区		Ⅱ类	Ⅱ类
沙河	沙河新大桥	沙河保留区		Ⅱ类	Ⅱ类
巡司河	武泰闸	巡司河开发利用区	巡司河排污控制区	Ⅲ类	Ⅳ类
马影河	蚂蚁闸	马影河开发利用区	马影河农业用水、景观娱乐用水区	Ⅳ类	劣Ⅴ类

表 2.4　武汉市湖泊监测水质现状及水质目标

湖泊	面积/km^2	管理目标	水质评价	湖泊	面积/km^2	管理目标	水质评价
月湖	0.708	Ⅳ类	Ⅳ类	官莲湖	5.388	Ⅲ类	Ⅳ类
莲花湖	0.076	Ⅳ类	Ⅳ类	桐湖	3.209	Ⅲ类	Ⅲ类
外沙湖	3.078	Ⅳ类	劣Ⅴ类	大茶湖	3.162	Ⅲ类	Ⅳ类
紫阳湖	0.143	Ⅳ类	Ⅳ类	许家赛	2.118	Ⅲ类	Ⅳ类

续表 2.4

湖泊	面积/km²	管理目标	水质评价	湖泊	面积/km²	管理目标	水质评价
晒湖	0.122	Ⅳ类	Ⅳ类	金龙湖	1.613	Ⅲ类	Ⅲ类
水果湖	0.123	Ⅳ类	劣Ⅴ类	南太子湖	3.571	Ⅲ类	劣Ⅴ类
四美塘	0.077	Ⅳ类	Ⅲ类	三角湖	2.391	Ⅳ类	劣Ⅴ类
内沙湖	0.056	Ⅳ类	Ⅳ类	烂泥湖	1.227	Ⅳ类	劣Ⅴ类
北湖	1.918	Ⅴ类	劣Ⅴ类	汤湖	1.064	Ⅳ类	Ⅳ类
青菱湖	8.844	Ⅳ类	Ⅳ类	万家湖	1.053	Ⅳ类	劣Ⅴ类
黄家湖	8.118	Ⅳ类	Ⅴ类	北太子湖	0.524	Ⅳ类	劣Ⅴ类
南湖	7.674	Ⅳ类	劣Ⅴ类	牛山湖	60.421	Ⅱ类	Ⅱ类
野湖	2.996	Ⅳ类	劣Ⅴ类	豹澥湖	22.935	Ⅱ类	Ⅱ类
野芷湖	1.615	Ⅳ类	劣Ⅴ类	严西湖	14.231	Ⅱ类	Ⅱ类
阳春湖	0.576	Ⅳ类	劣Ⅴ类	严东湖	9.111	Ⅱ类	Ⅳ类
后官湖	40.810	Ⅲ类	Ⅳ类	车墩湖	1.735	Ⅱ类	Ⅱ类
沉湖	15.046	Ⅲ类	劣Ⅴ类	严家湖	1.609	Ⅱ类	Ⅱ类
西湖	11.232	Ⅲ类	Ⅲ类	五加湖	0.125	Ⅳ类	Ⅱ类
小奓湖	10.020	Ⅲ类	Ⅳ类	东湖	33.627	Ⅱ类	Ⅳ类
王家涉湖	8.745	Ⅲ类	劣Ⅴ类	竹子湖	0.665	Ⅳ类	Ⅳ类
张家大湖	8.110	Ⅲ类	劣Ⅴ类	清潭湖	0.602	Ⅳ类	劣Ⅴ类

武汉市内全新统孔隙承压水中铁、锰、砷以及与总硬度有关的钙和镁含量普遍较高，其中铁、锰尤为突出。据测，该类型地下水中铁离子的平均浓度多在 11～20mg/L 之间，铁离子的背景值上限值为 21.93mg/L，局部呈点状污染。锰年平均浓度多在 0.5～1.45mg/L 之间，背景值上限值为 1.51mg/L，局部呈点状污染。砷的浓度范围为 0.078～0.53mg/L，是背景值上限的 1.16～7.9 倍。砷污染点主要分布在汉口唐家墩、丹水池、武昌杨家路、沙湖北、汉阳鹦鹉洲和青山东部的局部地段。该区域的点状污染与工业污水排放和长期抽吸地下水有关。如唐家墩一带的工业排放废水的 pH 值高达 9.4，这些工业碱性废水排向湖池后部分下渗，形成有利于砷迁移富集的条件，导致了含砷土层向地下水中迁移而污染地下水。

武汉市地下水资源较丰富，目前虽未充分利用，但城区内部分工业对地下水开采的部署及开采方式不尽合理，局部已形成地下水降落漏斗。青山东侧武钢水源地，在近 20km² 范围内，由于过去过量开采，以形成地下水降落漏斗，漏斗中心水位降深 11.24m，漏斗面积达 28km²。东西湖啤酒厂和径河农场一带，属于长江Ⅱ级阶地，含水层由粉细砂、中砂及砂砾组成，一般厚 7.55～22.95m，赋存孔隙承压水。由于啤酒厂等工厂大量抽吸地下水，加之井群布置过密，从而形成了南北两个区域水位降落漏斗。其中南部啤酒厂漏斗较大。生产井水位埋深由 3.7～8.4m 下降到 22.5～33.81m，水位下降 19.1～22.15m，最大下降达 25.41m，漏斗中心地下水水位以 1.85m/a 的速度下降，漏斗范围以 100～300m/a 的速度向外扩展，影响范围达 $30km^2$。而该地带含水层顶板埋深在 20～25m 之间，由此可见在开采区，地下水水位下降已接近或超过含水层顶板，地下水资源逐渐枯竭。此外根据本课题组前期研究成果，武汉市地下水水质良好的区域主要分布在黄陂区的山地、蔡甸区北部、江夏区、武昌区东部以及洪山区；地下水水质较好的区域主要分布在汉南区、蔡甸区南部、黄陂区南部、新洲区以及中心城区；地下水水质较差区域主要集中在东西湖区。

3. 地质环境条件

武汉市的地震活动主要是地质构造性地震，多为主余震型和孤立型。中强震发生在次级活动断裂部位，或几条断裂交会和会而不交的地方，且大都位于上升区或剧烈上升地区的环境中。根据武汉市境内的地震记录，始见于《晋书·元帝纪》。经地震部门收集及考核论证，自东晋靖安西北强震波及至今，武汉市的 $M \geqslant 3$ 级地震和省外波及地震共 57 次。

根据资料统计，截至 2016 年底，武汉市累计发生地质灾害 209 处，经过排查确认，地质灾害隐患点共 83 处。其中有滑坡（不稳定斜坡）、崩塌（危岩体）、地面塌陷 3 种地质灾害，共 81 个隐患点，泥石流 2 个隐患点。其中有滑坡（不稳定斜坡）54 处，占全区地质灾害隐患点总数的 65.1%；有崩塌（危岩体）11 处，占总数的 13.3%；地面塌陷 14 处，占总数的 16.9%。地质灾害发育规模以小型为主（武汉市国土资源和规划局，2018）。

2.4 主要人类活动特征

武汉市是湖北省省会，中部六省唯一的副省级市，特大城市，中国中部地区的中心城市，全国重要的工业基地、科教基地和综合交通枢纽。武汉市主要产业为第二产业和第三产业，分别占全市 2020 年生产总值的 35.6%和 61.8%。2020 年，全市 GDP 为 15 616.06 亿元，其中最高为东湖高新区达到 2 001.85 亿元，最低为蔡甸区，为 371.34 亿元。整体上武汉市中心城区以第三产业为主占比达到 78.7%，而远城区以第二产业、第三产业兼顾发展。第二产业中矿业主要零散分布在黄陂区、江夏区和蔡甸区；汽车及零部件制造主要集中在蔡甸区、江夏区和汉南区；物流运输业主要分布在东西湖区、黄陂区和新洲区；智能制造、基础材料和新材料等主要分布在汉南区、东湖高新区和青山区。

作为全国重要的交通枢纽，2020 年武汉市道路面积达到 13 516.78 万 m^2，人均拥有道路面积达 $15.62m^2$。2020 年武汉市旅客周转量达到 582.94 亿人千米，其中铁路 481.10 亿人千米；公路 9.74 亿人千米；航空 93.09 亿人千米（图 2.12）。

根据《2020 年武汉市水资源公报》，武汉市的水资源以地表水开采为主，地下水占全市总供水量的比例约为 0.1%。目前武汉市由人类活动引起的主要环境问题包括空气污染和地表水污染，主要的空气污染物为 PM2.5、PM10、臭氧和二氧化氮；河流地表水的主要超标指标为氨氮、总磷和化学需氧量，而湖泊地表水主要污染问题是水体富营养化。为解决地表水污染问题，武汉市开展了黑臭水体歼灭战，65 个黑臭水体整治通过省级验收。全面启动了劣Ⅴ类湖泊治理，全市劣Ⅴ类湖泊由 2019 年的 30 个下降至 2020 年的 6 个。全市污水处理最大规模 80 万 t/d 的北湖污水处理厂和全国首条深层污水传输隧道年大东湖核心区污水传输系统工程 PPP 项目均建成并通水运行(武汉市生态环境局,2021)。

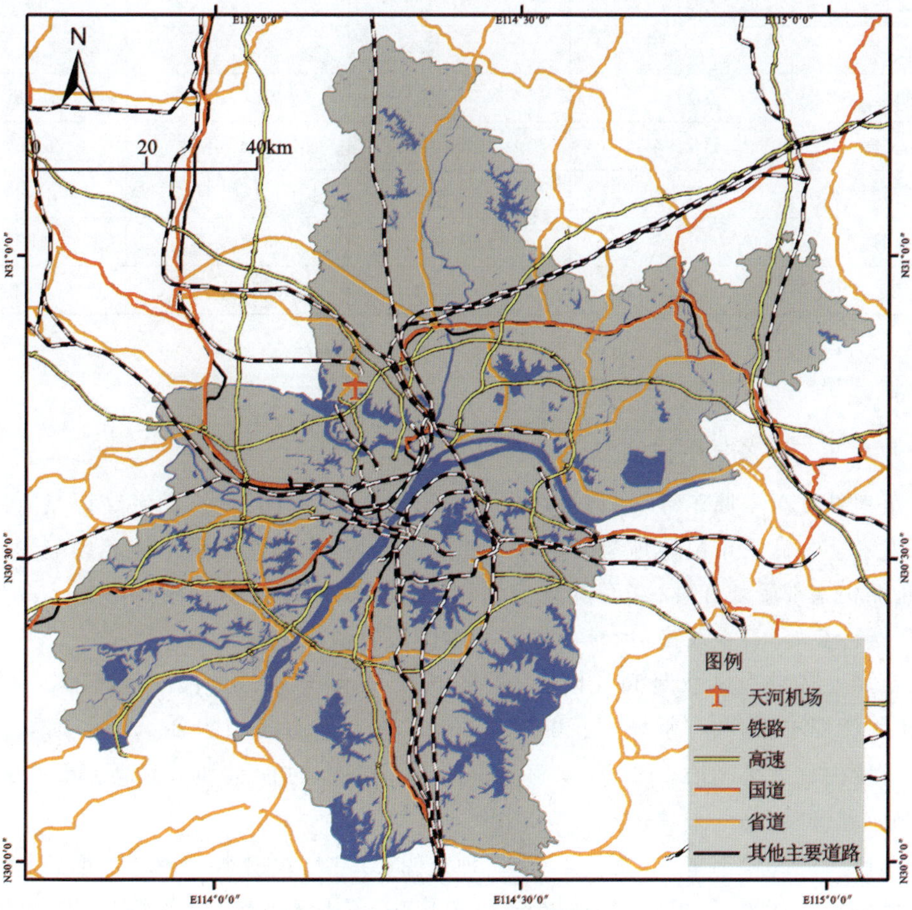

图 2.12　武汉市交通分布图

表 2.5　武汉市社会经济分区情况　　单位:亿元

行政区	第一产业	第二产业	第三产业	GDP
江岸区	0	212.85	1 034.19	1 247.04
江汉区	0	75.81	1 243.25	1 319.06
硚口区	0	215.90	585.26	801.16
汉阳区	0	153.76	545.26	699.02
武昌区	0	165.67	1 327.26	1 492.93
青山区	8.26	492.15	261.05	761.6
洪山区	1.40	241.90	792.86	1 036.16
蔡甸区	50.74	158.10	162.50	371.34

续表 2.5

行政区	第一产业	第二产业	第三产业	GDP
江夏区	101.79	328.93	411.32	842.04
黄陂区	123.72	359.31	530.25	1 013.28
新洲区	80.19	451.00	357.37	888.56
汉南区	15.94	1 089.70	544.66	1 650.30
东湖高新区	3.89	837.48	1 160.48	2 001.85
东西湖区	16.25	740.55	613.37	1 370.17
全市	402.18	5 523.11	9 569.08	15 494.37

2.5 国土资源环境条件分析

武汉市地处江汉平原东部，地势平坦可用面积大，区内河网纵横、湖港交织具有巨大的国土空间开发潜能。武汉市整体地势北部略高而南部平坦，北部受大别山南麓影响形成低山和丘陵地貌，而中南部受长江、汉江及其支流与湖泊的影响形成冲积和湖积平原。武汉市土壤肥沃，耕作条件良好，且在汉南区、东西湖区和洪山区有富硒土壤分布。

武汉市属亚热带季风性湿润气候区，降水丰富，日照充沛。受长江、汉江及其支流的影响，武汉市水资源丰富，共有水域面积 2 117.6km^2，占全市总面积的 24.71%，居全国省会城市之首。市境内有大小湖泊 166 个，承雨面积在 5km^2 以上的有 65 个，且地下水水量丰富，具有水质较好、埋藏浅、易开采等优点。

武汉市矿产资源较丰富，已发现矿产 40 种查明矿产中，建材类和冶金辅助原料类非金属矿产的资源储量占了绝大部分，且矿产分布较集中，矿床(矿产地)规模较大，地域特色较明显。

武汉市作为湖北省省会，我国中部和长江中游地区唯一人口超千万人、地区生产总值超万亿元的城市，城市建设的高速发展，不可避免地出现产业结构不尽合理、资源配置不合理、生态环境恶化等诸多问题。

受城市建设、工矿业发展以及农业耕作等因素的影响，武汉市的土壤、地下水和地表水等均受到不同程度的污染。本课题组 2018 年曾抽样测定了武汉市 42 个湖泊的水质，其中Ⅳ类及以上水质的湖泊达到 32 个。为解决地表水污染问题，武汉市开展了一系列工作并取得了很大成果。另外，受到人类活动和地质条件的共同影响，江汉平原本就存在的“高氟、高砷、高碘”原生地下水污染与工业抽排地下水导致的次生污染相叠加。同时武汉市中心城区土壤也出现不同程度重金属超标问题。

近些年武汉市城镇化进展迅速，城市的扩张也带来一系列地质和生态问题。截至 2016 年底，武汉市累计发生地质灾害 209 处，经过排查确认，地质灾害隐患点共 83 处。相关研究表明随着城市区域的扩张，武汉市生态系统服务价值也出现下降(Song et al.,2022)。

总的来说，武汉市国土空间资源环境条件优越，具有巨大的发展空间。但如何在城市发展的同时兼顾地质、环境和生态的保护也是亟待解决的问题。

本章参考文献

武汉市国土资源和规划局，2018. 武汉市地质灾害防治规划（2016—2020 年）[R]. 武汉：武汉市国土资源和规划局.

武汉市水务局，湖北省武汉市水文资源勘测局，2021. 2020 年武汉市水资源公报[R]. 武汉：武汉市水务局.

武汉市生态环境局，2021. 2020 年武汉市生态环境状况公报[R]. 武汉：武汉市生态环境局.

SONG X，LIU Y，ZHU X，et al.，2022. The impacts of urban land expansion on ecosystem services in Wuhan，China[J]. Environmental Science and Pollution Research，29(7)：10 635-10 648.

第3章 国土空间资源功能区划

3.1 概 述

在摸清武汉市空间资源禀赋条件的基础上，笔者利用土地资源利用适宜性评价、地表水功能区划、地下水功能区划、矿产资源综合区划和地质遗迹资源区划进行武汉市土地资源、水资源和地质资源等单一功能区划。

3.2 土地资源功能区划

3.2.1 概述

土地资源利用适宜性评价是土地资源规划与管理的基础。土地资源利用适宜性评价是评价土地单元对不同土地利用类型的适宜程度及适宜程度的数量、质量和结构特征，揭示影响土地利用类型的限制性因子及其限制程度，进而为土地资源利用规划提供参考依据（武强等，2001）。本章基于农业、建设空间的特点、属性和影响因素不同，在分析前人研究成果的基础上，采用综合指数模型对研究区土地资源综合功能区划（生态功能、农业功能、建设功能）进行评价。

3.2.2 区划方案

基于已有的地质调查成果，本章分析武汉市的土地资源条件，开展土地资源功能评价与区划研究。首先，根据生态环境特征，通过开展生态服务功能重要性进行生态功能区划；其次，构建土地资源利用适宜性评价指标体系，利用综合指数法进行农业空间、建设空间适宜性评价；最后，考虑土地利用现状和规划，根据生态功能区划结果和农业空间、建设空间适宜性评价结果开展土地资源功能区划研究。

在本章的研究中采用的主要研究方法包括最大值法、综合指数法、层次分析法（analytic hierarchy process，AHP）以及多目标土地分配模型（multi-objective lichtenberg algorithm，MOLA），具体介绍如下。

1. 最大值法

最大值法主要用于生态服务功能重要性评价。由于不同因子对生态服务功能重要性的影响程度不同，需明确每个生态因子的相对重要性。利用加权求和法在一定程度上将会导致单因子评价结果之间相互抵消，进而会影响生态服务功能重要性评价结果(尹海伟等，2006)。因此，本章基于生物多样性保护和水源涵养重要性评价分级结果，采用最大值法来评价生态服务功能重要性，最大值法的具体计算公式如下：

$$EI=\max\{EI_{bd},EI_{sy}\} \tag{3.1}$$

式中：EI 为评价单元生态服务功能重要性，EI_{bd}为生物多样性保护重要性；EI_{sy}为水源涵养重要性。

2. 综合指数法

综合指数法也称为综合评判法。它是将影响研究对象的因素分为几个子系统，对各子系统分别选取有代表性的评价因子，并将其表现程度进行等级划分，给出归一化指标，再将各评价指标的指标值进行加权叠加，得出每个评价单元的综合指数值，然后根据每个评价单元的综合指数值进行总体评价。具体计算公式如下：

$$S=\sum_{j=1}^{n}W_iP_i \tag{3.2}$$

式中：S 为综合指数值；W_i为评价指标的权重；P_i为评价指标的属性值。

3. 层次分析法

层次分析法简称 AHP，是由美国运筹学家萨蒂(Saaty)于 20 世纪 70 年代初提出的，是定性分析与定量计算相结合的多目标决策分析方法。它将人们的决策思维过程进行数学化，将主观判断为主的定性分析定量化，降低人为主观影响，能科学、合理地确定各个评价指标的权重，并在实际中得到了广泛的应用。利用层次分析法(AHP)计算指标权重值的具体过程可归纳为以下 4 个步骤(Saaty，2008)：

(1)建立层次结构模型。根据对影响研究对象的各因素进行分析，将评价指标体系中的各因素分为不同的评价层次：目标层(A)、决策层(B)和指标层(C)。

(2)构建判断矩阵。通过两两比较各因素之间的相对重要性，构建判断矩阵。全部比较结果用矩阵 $\mathbf{A}=(a_{ij})_{n\times n}$，$a_{ij}>0$ 表示，称 **A** 为 Z-X 之间的成对比较矩阵(简称判断矩阵)，判断矩阵的元素 a_{ij}用九标度方法(Saaty，1986)表示(表 3.1)。

表 3.1　判断矩阵标度及其含义

标度	含义
1	表示两个因素相比，具有同等重要性
3	表示两个因素相比，一个比另一个稍微重要
5	表示两个因素相比，一个比另一个明显重要
7	表示两个因素相比，一个比另一个强烈重要

续表 3.1

标度	含义
9	表示两个因素相比，一个比另一个极端重要
2,4,6,8	上述两相邻判断之中间值
倒数	若 A_i 与 A_j 的重要性之比为 a_{ij}，则 A_j 与 A_i 的重要性之比 $a_{ji}=1/a_{ij}$

(3)权重的计算：根据判断矩阵，计算各判断矩阵的最大特征向量，然后进行归一化处理，便可得到权重值。将各指标的权重值乘以准则层权重值可得到指标的最终权重值。

(4)层次单排序及其一致性检验：对应于判断矩阵最大特征根 $\lambda_{\max}$ 的特征向量，经归一化处理排序并进行一致性检验，通过计算一致性比率 CR 来检验。一致性比率 CR 计算公式如下：

$$\mathrm{CI}=\frac{\lambda_{\max}-n}{n-1} \tag{3.3}$$

$$\mathrm{CR}=\mathrm{CI}/\mathrm{RI} \tag{3.4}$$

式中：CI 为一致性指标；$\lambda_{\max}$ 为最大特征根；n 为矩阵阶数；CR 为随机一致性比率；RI 为平均随机一致性指标，取值如表 3.2 所示。只有当 CR<0.10 时，才能表明判断矩阵具有令人满意的一致性判断，并且所获得的权重值是合理的。

表 3.2　层次分析法的平均随机一致性指标值

矩阵阶数	1	2	3	4	5	6	7	8	9
RI	0	0	0.58	0.89	1.12	1.26	1.36	1.41	1.46

4. 多目标土地分配模型（MOLA）

MOLA 模型是常见的功能区划方法，能够实现多种选择方案的决策。传统区划中常常使用的三维 MOLA 模型，难以满足研究区不同区域的不同发展需求。因此本书在“生态 X-建设 Y-农业 Z”的三维决策体系上引入研究区 2021—2030 年空间布局作为“发展需求尺度”，针对研究区发展战略（图 3.1）构建不同需求的 MOLA 模型。在遵循生态优先的前提下，分别放宽对城镇发展区、农业生产区的建设土地资源和农业土地资源的限制，同时增加生态保护区中生态土地资源的占比(图 3.2)。

3.2.3　生态功能区划

根据环境保护部《生态功能区划暂行规程》，生态功能区划是依据生态系统特征、受胁迫过程与效应、生态服务功能重要性及生态环境敏感性等分布规律而进行的地理空间分区，为了揭示区域生态安全重要区和保护关键区，为生态保护与建设规划提供科学依据(贾良清等，2005)。

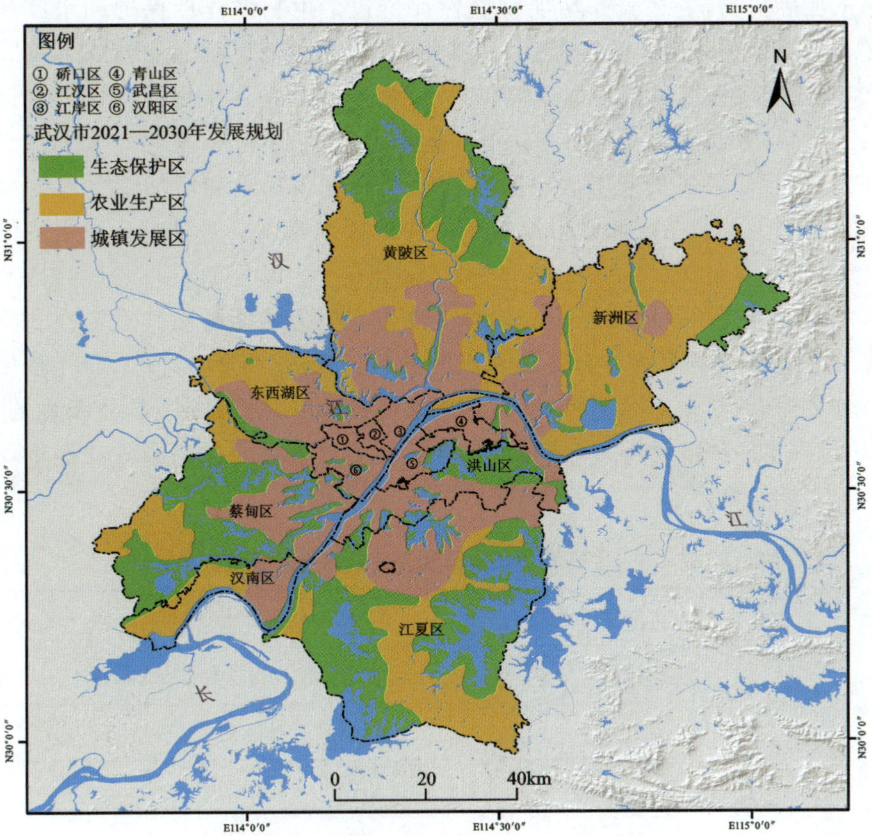

图 3.1　武汉市 2021—2030 年空间布局

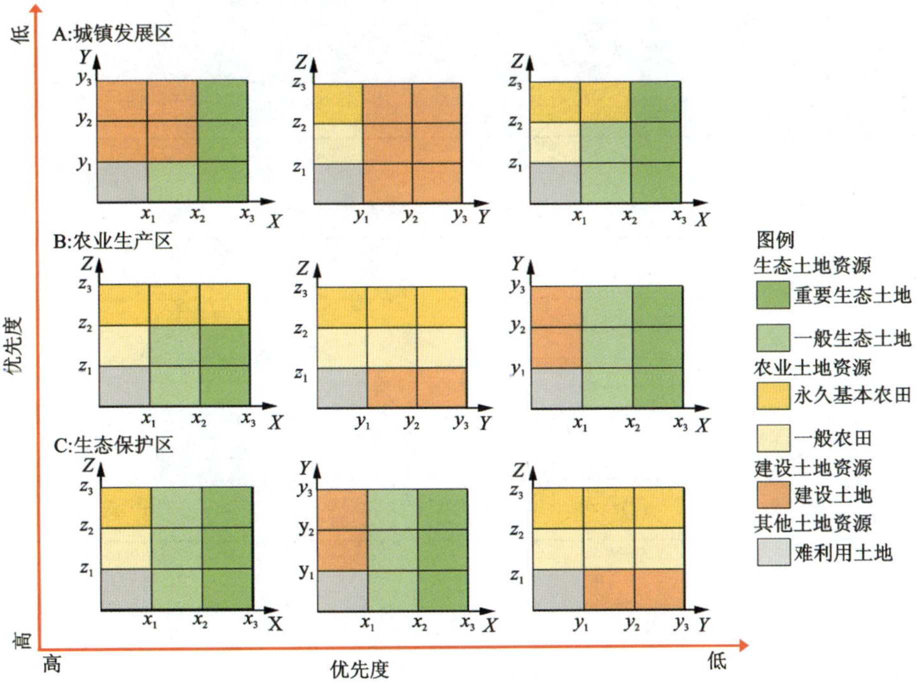

图 3.2　改良多目标土地分配模型

根据武汉市的实际情况，生态服务功能重要性评价包括生物多样性保护和水源涵养两个方面。生物多样性是指生命形式的多样性，包括物种内、物种间、生态系统和景观的多样性（傅伯杰等，2001），生物多样性保护根据重要保护物种地分布（即评价地区国家与省级保护对象的数量）来评价。水源涵养功能是生态功能的重要组成部分（陈东立等，2005），水源涵养服务主要表现在截留降水、增强土壤下渗、抑制蒸发、缓和地表径流和增加降水等方面（肖燚等，2011），可以根据评价地区在区域城市流域所处的地理位置以及对整个流域水资源的贡献来评价。

生态服务功能重要性评价首先需要对每一项生态服务功能按照其重要性划分不同的级别（表 3.3），分别得到生物多样性分区图和水源涵养分区图（图 3.3、图 3.4）。依据生态服务功能重要性分级标准，利用 GIS 平台，叠加生态系统各个单因子服务功能重要性的评价分区，利用式（3.1）对每个评价单元进行评判，根据评价结果进行综合生态服务功能重要性等级划分（表 3.4）。

表 3.3　生态服务功能重要性评价指标等级划分表

评级指标	生态服务功能重要程度	分级标准	赋值
生物多样性保护	极重要	自然湿地、湖泊、自然保护区、森林	100
	中等重要	公园绿地、森林绿地、灌木林地	75
	较重要	牧草地	50
	不重要	耕地	25
水源涵养	极重要	一级饮用水保护区	100
	中等重要	二级饮用水保护区	50
	不重要	其他	0

表 3.4　生态服务功能重要性分级表

划分级别	EI	生态功能分区
极重要	100	重要生态功能区
中等重要	75	
较重要	50	一般生态功能区
不重要	25	其他用地

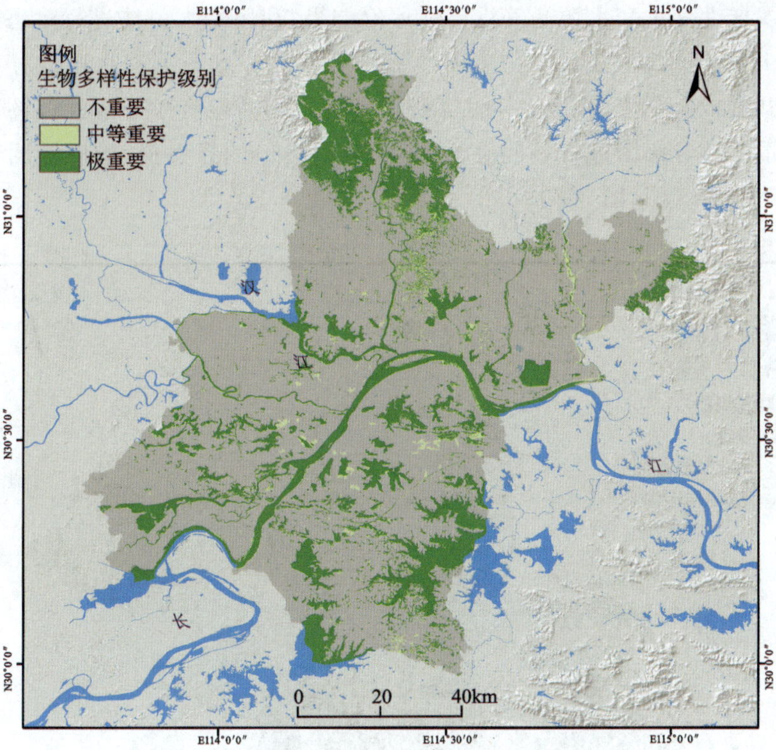

图 3.3　武汉市生物多样性保护分区图

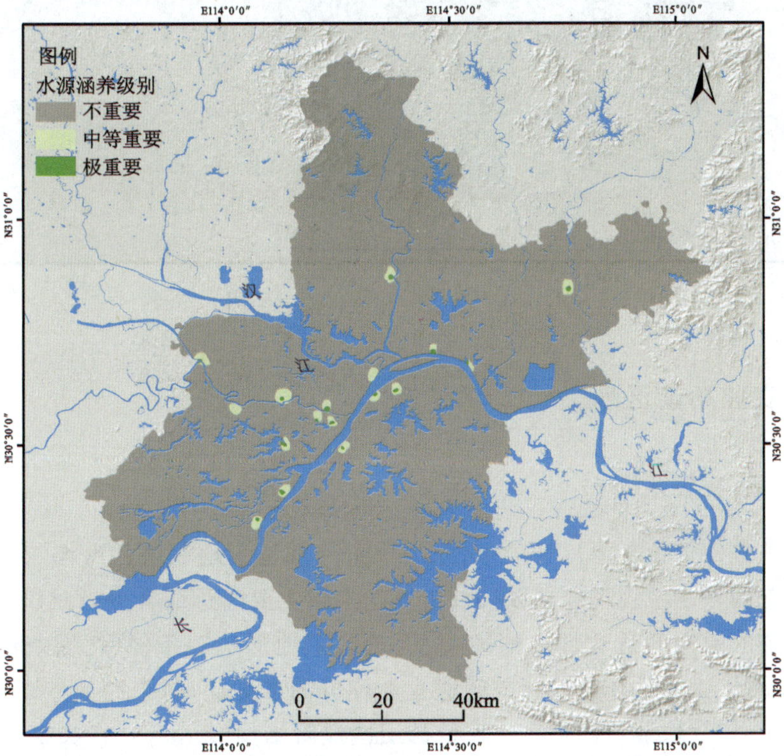

图 3.4　武汉市水源涵养分区图

根据生物多样性保护和水源涵养重要性评价结果，利用最大值法进行生态服务功能重要性评价。根据1～9级赋值法，对生物多样性保护重要性和水源涵养重要性分布图按照其重要性程度从高到低依次赋值(表3.3)，然后利用空间分析功能将赋予属性值的生物多样性保护和水源涵养重要性分级图进行空间叠加，再求取属性值的最大值，最后经图形处理功能得到武汉市生态功能分区图(图3.5)。

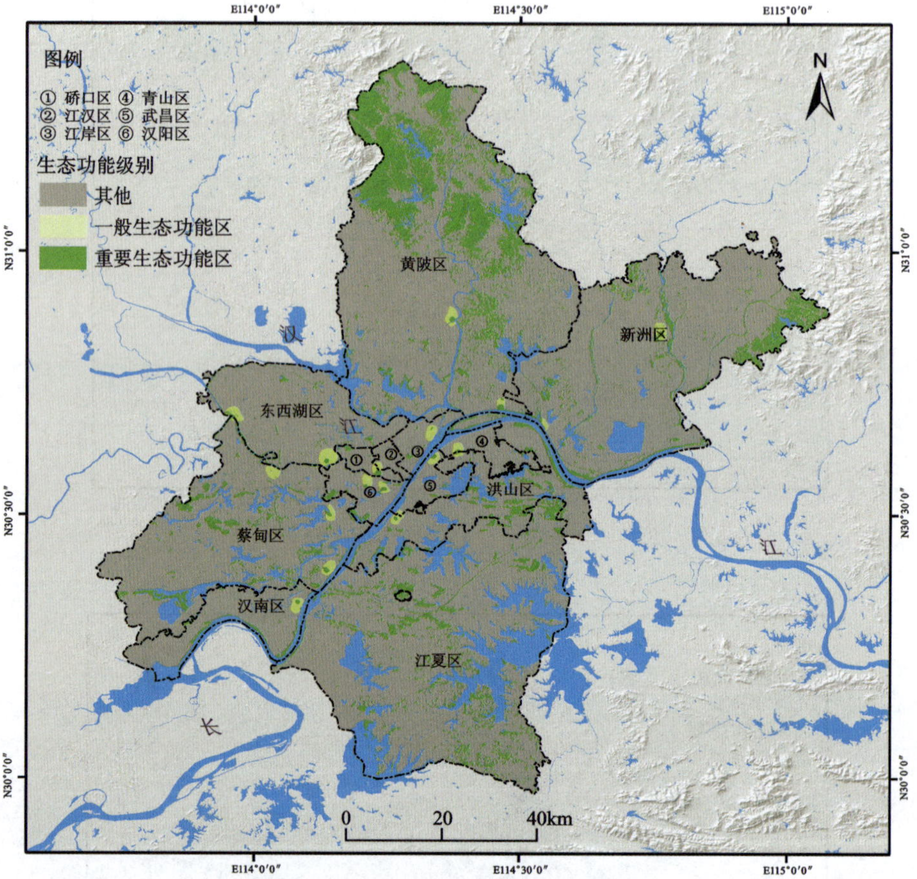

图3.5　武汉市生态功能分区图

3.2.4　农业功能区划

1. 农业空间适宜性评价

农业空间适宜性评价主要从气候条件、土壤条件和地形地貌条件考虑，在农业空间适宜性评价中最关键的一步是合理地选取评价指标。本章主要通过综合分析武汉市的资源禀赋、地质环境条件与农业空间适宜性之间的关系，选取了地形地貌条件、气候条件、土壤环境条件、水文地质条件4个参数作为农业空间适宜性评价的准则层；每个参数准则层选取了1～2个二级评价因子，建立农业空间适宜性评价的层次递阶结构(表3.5)，将农业空间适宜性等级作为目标层，把影响土地适宜性等级的因素作为准则层，再把准则层中的二级评价因子作为指标层。最终，农业空间适宜性评价选取了地貌类型、地形坡度、年均降水量、有机碳含量、特殊元素富集和含水层富水程度 6 个因子作为评价指标。并根据相关行业标准及前人的研究成果，将评价指标划分为 4 个等级：适宜、较适宜、较不适宜和不适宜。为了便于计算和比较，对各评价指标进行统一量化，即对各指标进行赋值，按照适宜性等级分别赋值 1～4，1 表示不适宜，4 表示适宜。

表 3.5　武汉市农业空间适宜性评价指标体系

目标层 A	准则层 B	指标层 C	评价指标分级及赋值			
			适宜	较适宜	较不适宜	不适宜
			4	3	2	1
农业空间适宜性	地形地貌条件 B_1	地貌类型 C_1	冲积平原 湖积平原	剥蚀堆积岗状平原	剥蚀低丘陵	侵蚀低山、侵蚀-剥蚀高丘陵
		地形坡度 C_2/(°)	<5	5～10	10～15	>15
	气候条件 B_2	年均降水量 C_3/mm	≥1200	1000～1200	800～1000	<800
	土壤环境条件 B_3	特殊元素富集 C_4	可利用富硒区	/	/	重金属超标富硒区
		有机碳含量 C_5/(kg · m^{-2})	>2000	1500～2000	1000～1500	<1000
	水文地质条件 B_4	含水层富水程度 C_6	强	一般	弱	/

地貌类型是区内最基本最宏观的面貌特征，它通过控制土壤中水、热的分配以及地表环境中物质的迁移，进而对农作物的种植、生长产生一定程度的影响；坡度（图 3.6）会影响土壤水分和肥力的流失，进而影响农作物的产量和质量，坡度越平缓的地区越适宜农业发展。

气候条件是最基本的农业资源，主要包括光照、气温、降雨等因素，降水量的不均会对当地农业产生影响。本章用降水量来评定气候条件对农业活动的影响。研究区四季分明，夏季多雨，全年降水的 50%集中在夏季，年均降水量在 1150～1450mm 之间，降水主要集中在农作物需水的 6～8 月，具有从南向北递减的趋势（图 2.4）。

土壤环境条件是表征一个地区是否适合从事农业生产活动的关键因素，土壤有机质含量是评价土壤肥力状况的一个指标，有机质含量高的土壤肥力较高，有利于作物生长。研究区土壤有机质丰富区主要分布在东西湖区、蔡甸区和汉南区，多金属超标区域主要分布在研究区中部核心地区，研究区土壤有机碳和富硒土壤分布如图 3.7 和图 3.8 所示。富含对农作物有益元素的地区适宜进行农业生产。

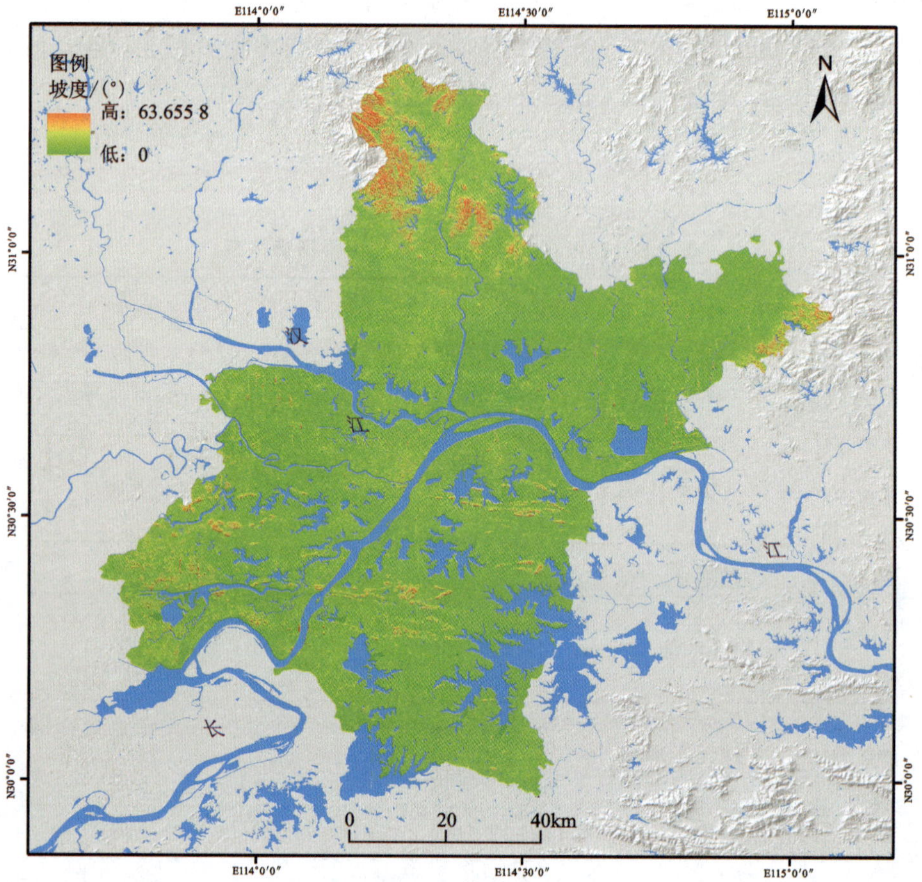

图 3.6　武汉市坡度分布图

2. 评价单元划分

针对评价指标质量离散性大的情况，研究区采用不规则多边形网格法进行单元划分。各评价单元以各评价指标的属性边界作为单元边界，即各评价单元中所有评价指标的属性分布均一，避免了因属性分布不均一而产生的误差。利用 GIS 软件的空间分析功能将农业空间适宜性评价指标的分区矢量图进行叠加，得到农业空间适宜性评价单元。

3. 评价指标权重的确定

通常，各评价指标对评价目标的影响程度是不同的，因此，在对目标进行综合评价时，通常需要确定各指标的不同权重值。研究区采用层次分析法确定评价指标对农业空间适宜性的影响程度，即确定指标权重。具体计算过程如下：

(1)构建判断矩阵。根据上述的评价指标，构建判断矩阵，按表 3.1 所示的九标度法，确定两两因素的相对重要性，将得到的判断矩阵集中分析农业空间适宜性评价指标权重确定的判断矩阵如表 3.6～表 3.8 所示。

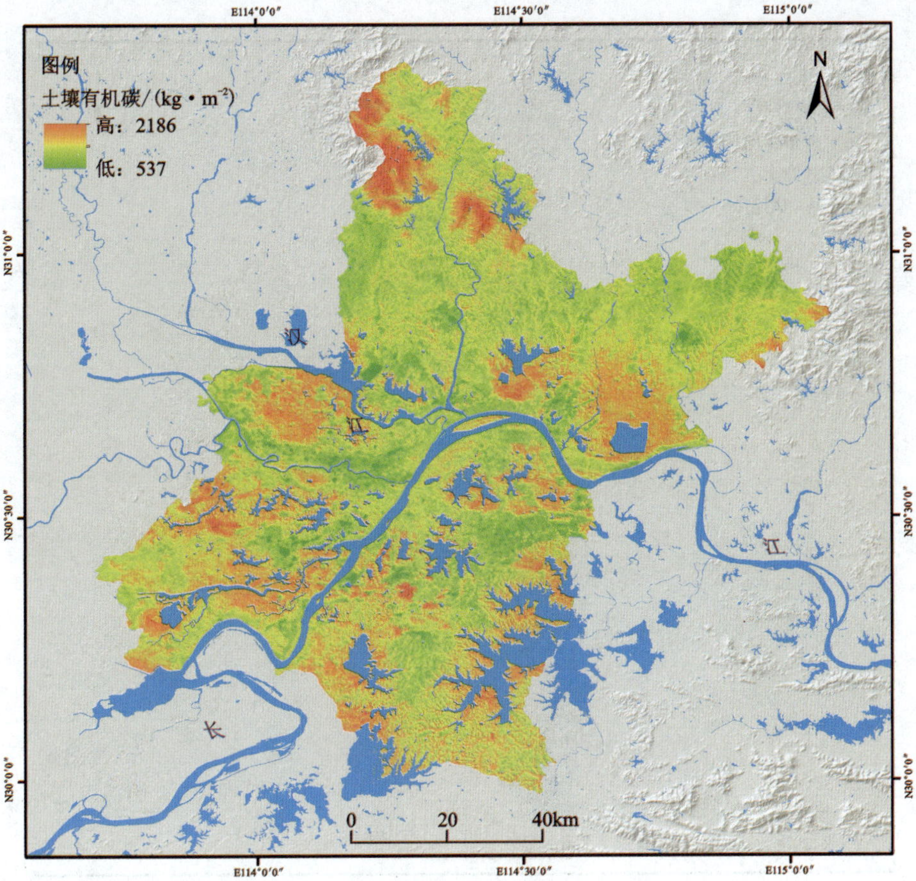

图 3.7　武汉市土壤有机碳分布图

表 3.6　农业空间适宜性评价准则层 B(B_1～B_2)对比判断矩阵

准则层	B_1	B_2	B_3	B_4
B_1	1	2	1/2	2
B_2	1/2	1	1/4	2
B_3	2	4	1	4
B_4	2	1/2	1/4	1
CR＝0.026 6				

表 3.7　农业空间适宜性评价指标层 C(C_1～C_2)对比判断矩阵

指标层	C_1	C_2
C_1	1	2
C_2	1/2	1
CR＝0.000 0		

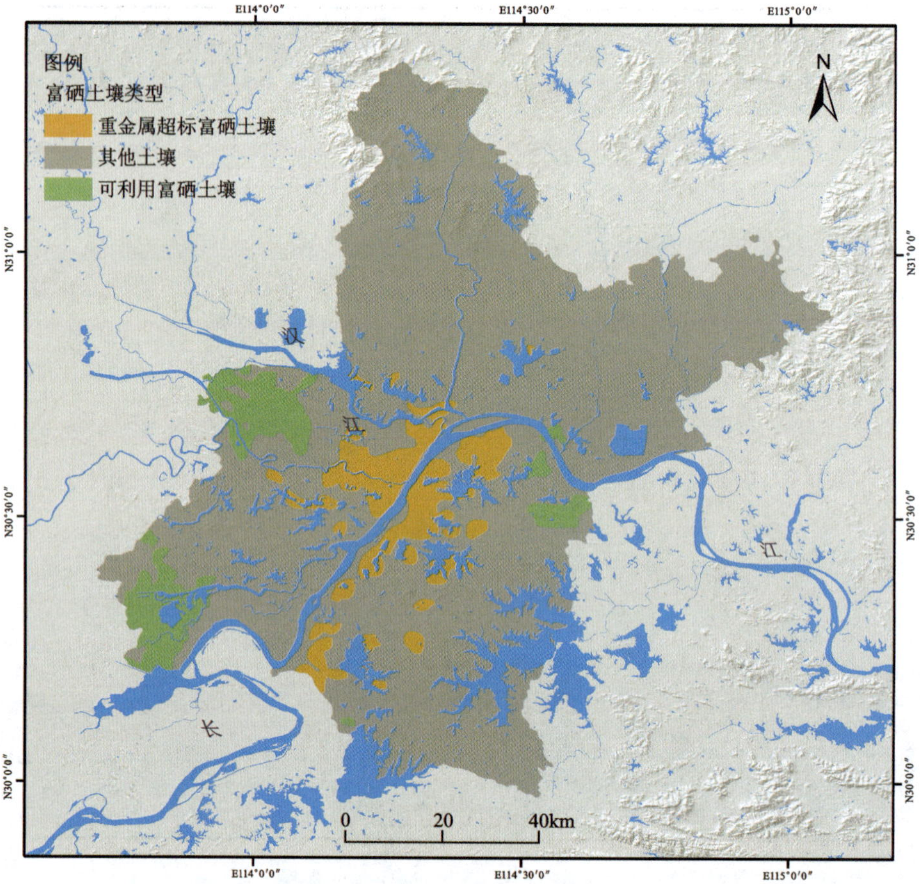

图 3.8　武汉市特殊土壤分布图

表 3.8　农业空间适宜性评价指标层 C(C_4～C_5)对比判断矩阵

指标层	C_4	C_5
C_4	1	2
C_5	1/2	1
CR=0.000 0		

(2)计算。根据构造的判断矩阵,计算其最大特征值和特征向量,求出各评价指标的重要性顺序。计算过程如下:首先计算矩阵各行要素的几何平均数 X_i:

$$X_i = \sqrt[n]{\prod_{j}^{n} U_{ij}} \tag{3.5}$$

然后将式(3.5)计算所得的 n 个向量进行归一化处理:

$$W_i = \frac{X_i}{\sum_{i=1}^{n} X_i} \tag{3.6}$$

得到的 $W=(W_1, W_2, \cdots, W_n)$即为各指标的权重。

(3)检验。通过计算矩阵的最大特征根 λ_{max}，运用以式(3.3)计算一致性指标：

查找 RI 为平均随机一致性指标，其取值如表 3.9 所示。计算一致性比例：用式(3.4)对判断矩阵进行随机一致性检验，使得 CR<0.1，则认为判断矩阵合理。

表 3.9　不同阶数判断矩阵的 RI 取值

N	1	2	3	4	5	6	7	8
RI	0.00	0.00	0.58	0.90	1.12	1.24	1.32	1.41

(4)权重因子的最终值是通过将每个指标的权重乘以标准层的权重得到，农业、建设空间适宜性评价指标的权重值如表 3.10 所示。

表 3.10　武汉市农业空间适宜性评价指标权重值

目标层 A	准则层 B	权重值	指标层 C	权重值	综合权重值
农业空间适宜性	地形地貌条件 B_1	0.249 1	地貌类型 C_1	0.666 7	0.166 1
			地形坡度 C_2	0.333 3	0.083 0
	气象条件 B_2	0.148 1	年均降水量 C_3	1.000 0	0.148 1
	土壤环境条件 B_3	0.498 1	特殊元素富集 C_4	0.666 7	0.332 1
			土壤有机碳 C_5	0.333 3	0.166 0
	水文地质条件 B_4	0.104 7	含水层富水程度 C_6	1.000 0	0.104 7

4. 评价结果与分析

根据上述建立的评价指标体系，采用综合指数法计算农业空间适宜性评价指数值，运用等距分级法(也称自然断点法)对适宜性指数值进行分级(表 3.11)，相应地研究区被划分为 4 个区：适宜区、较适宜区、较不适宜区和不适宜区。

综合指数法的计算公式如下：

$$PI = \sum_{i=1}^{n} U_i W_i \tag{3.7}$$

式中：PI 为综合指数值；U_i 为第 i 个评价因子量化后的属性值；W_i 为第 i 个评价因子的权重；i 为所有评价因子的计数，$i=1,2,3,\cdots,n$；n 为评价指标的总个数。

表 3.11　农业空间适宜性综合指数值分级标准

适宜性级别	适宜	较适宜	较不适宜区	不适宜
农业空间适宜性评价值	3.33～3.84	2.97～3.33	2.65～2.97	1.85～2.65

利用 GIS 软件空间叠加功能得到了武汉市农业空间适宜性评价结果(图 3.9)。武汉市农业空间适宜性高，适宜区和较适宜区面积占比达到 59.05%。除开水域面积，农业适宜区主要分布在武汉市东西湖区西部和汉南区、蔡甸区西南部，这些区域土壤肥沃，富含稀有元素，地势平坦，降水充沛；农业空间不适宜区主要分布在黄陂区和新洲区的低山丘陵地带，该区坡

度较陡，降水量较小。江夏区的铁铝土分布区域由于土壤肥力差也零散分布着农业空间不适宜区；剩下地区为农业空间的一般适宜区。总体来说，武汉市具备较高的开展农业活动的各项基础地质条件。

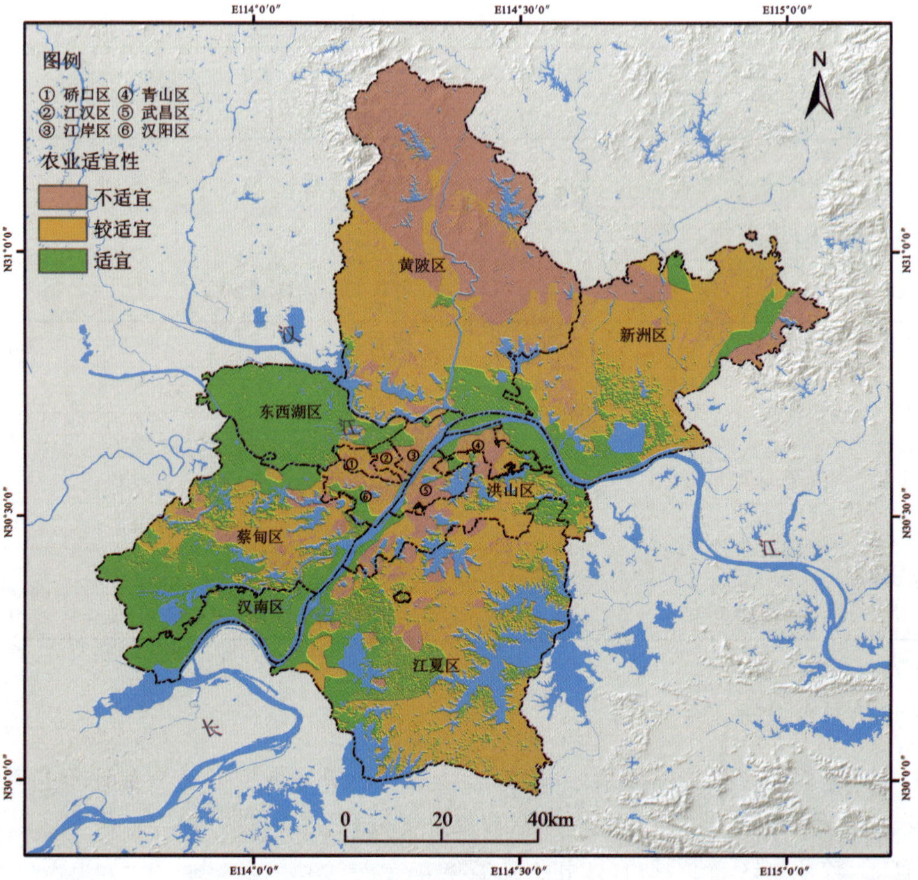

图 3.9　武汉市农业空间适宜性图

3.2.5　建设功能区划

1. 建设空间适宜性评价

建设空间适宜性评价主要是判断一个地区在建设空间方面的优劣程度。从地形地貌条件、水文地质条件、工程地质条件和地质灾害条件 4 个方面选取研究区建设空间适宜性评价指标。基于对这几方面的因素的分析，在参考有关文献的情况后（刘贵利，2000；胡春雷等，2004），本章选取地貌类型、坡度、工程地质分级、地质环境承载能力作为建设空间适宜性评价指标，并根据相关行业标准及前人的研究成果，将评价指标划分为 4 个等级：适宜、较适宜、较不适宜和不适宜。为了便于计算和比较，对各评价指标进行统一量化，即对各指标进行赋值，按照适宜性等级分别赋值 1～4，1 表示不适宜，4 表示适宜，具体如表 3.12 所示。

表 3.12　武汉市建设空间适宜性评价指标体系

目标层 A	准则层 B	指标层 C	评价指标分级及赋值			
			适宜	较适宜	较不适宜	不适宜
			4	3	2	1
建设空间适宜性	地形地貌条件 B_1	地貌类型 C_1	冲积平原 湖积平原	剥蚀堆积 岗状平原	剥蚀低丘陵	侵蚀低山、侵蚀-剥蚀高丘陵
		坡度 C_2/(°)	<5	5～10	10～15	>15
	工程地质条件 B_2	工程地质分级 C_3	良好	较好	一般	较差
	地质环境条件 B_3	地质环境承载能力 C_3	高承载能力	较高承载能力	中承载能力	低承载能力

地形地貌条件不仅影响建设空间的选址与布局，还影响建筑施工的难易程度以及开发建设成本。同样，坡度也是建设空间评定中的一个必要因素。研究区地形平缓，坡度较小，武汉市地形坡度分布见图 3.6。《城乡建设用地竖向规划规范》(CJJ 83—2016)明确规定，建设用地的理想坡度为 0.4%～2%，城乡建设用地最大坡度不超过 25%。

工程地质条件。岩土体类型的地表物质构成情况直接影响地表建筑物的稳定性、施工难易程度以及建设成本的高低。根据各分区工程地质条件作出武汉市工程地质条件分级图(图 3.10)。

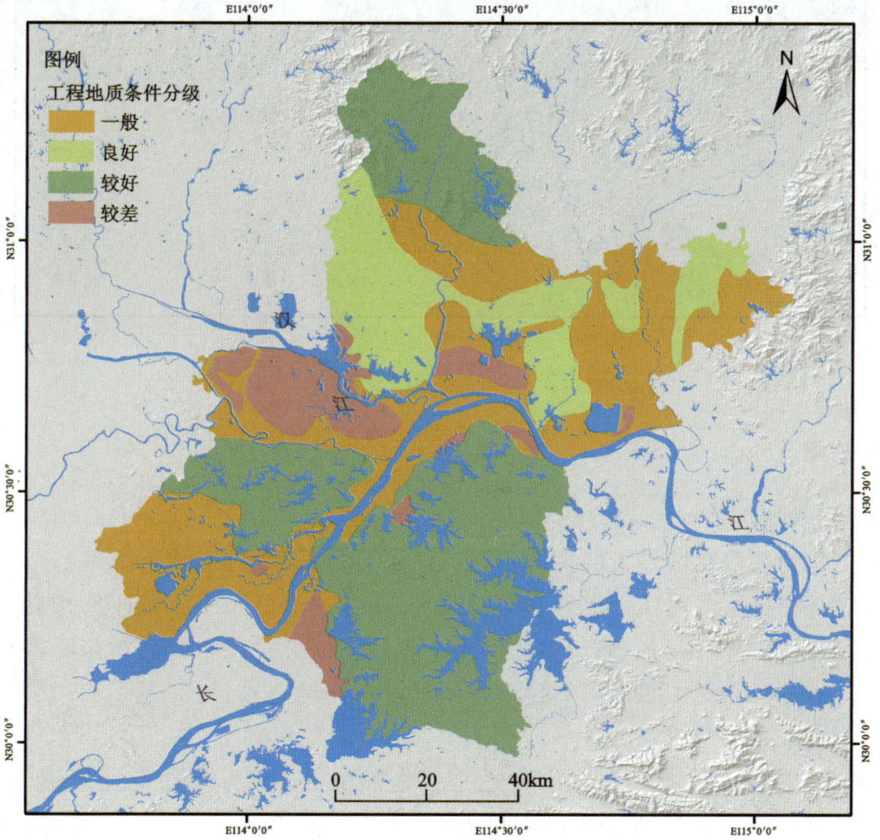

图 3.10　武汉市工程地质条件分级图

地质灾害的发育直接影响建筑工程的安全稳定，开发建设活动必须避开地质灾害高发区。而地质环境承载能力是由地质灾害的易发程度表征的，工程活动应尽量避开地质灾害易发区，选择地质环境承载能力高的地区。研究区内地质灾害种类多、分布广，主要发育的地质灾害有滑坡、崩塌、地面塌陷、地裂缝、地面沉降。本书引用研究区的相关成果，利用 GIS 软件进行矢量化处理，得到武汉市地质环境承载能力分级图(图 3.11)。

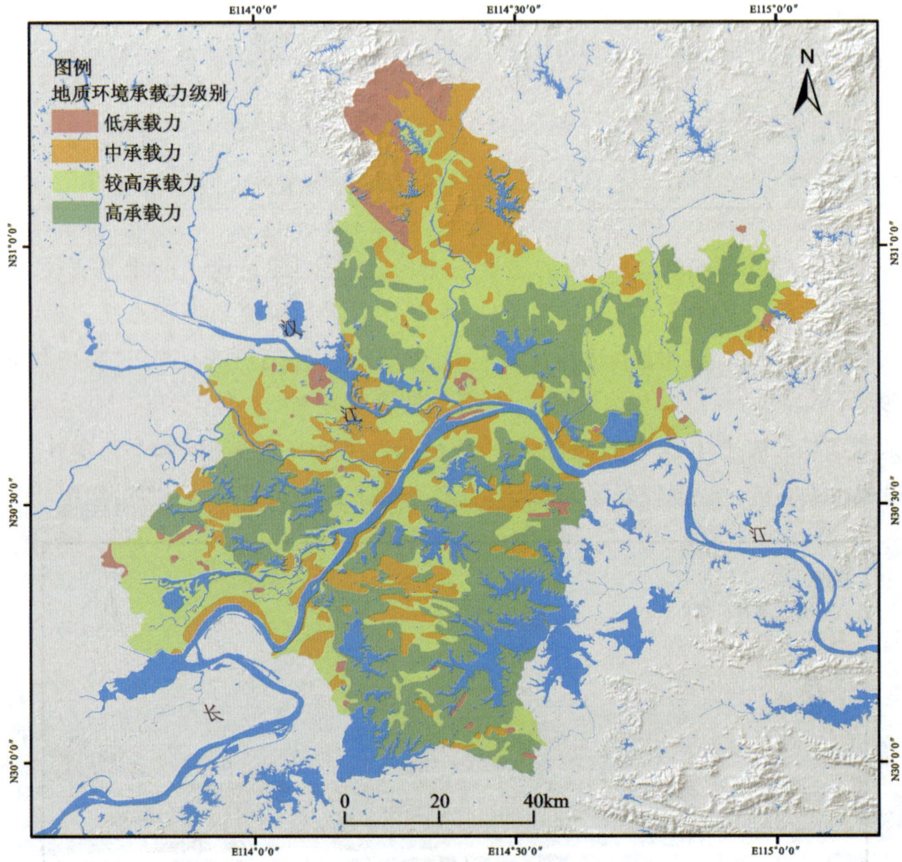

图 3.11 武汉市地质环境承载能力分级图

2. 评价过程

1)评价单元划分

针对评价指标质量离散性大的情况，研究区采用不规则多边形网格法进行单元划分。各评价单元以各评价指标的属性边界作为单元边界，即各评价单元中所有评价指标的属性分布均一，避免了因属性分布不均一而产生的误差。利用 GIS 软件的空间分析功能将建设空间适宜性评价指标的分区矢量图叠加得到建设空间适宜性评价单元。

2)评价指标权重的确定

同上，利用层次分析法确定建设空间适宜性指标权重。根据上述的评价指标，构建判断矩阵，按表 3.1 所示的九标度法，确定两两因素的相对重要性，将得到的判断矩阵集中分析建设空间适宜性评价指标权重确定的判断矩阵如表 3.13、表 3.14 所示，然后计算所得的判断矩阵的一致性比率,CR 值均小于 0.1,说明判断矩阵都具有满意的一致性。最后,得到的各项评价指标的权重值见表 3.15。

表 3.13　建设空间适宜性评价指标层 C(C_2～C_3)对比判断矩阵

指标层	C_2	C_3
C_2	1	1
C_3	1	1
CR=0.000 0		

表 3.14　建设空间适宜性评价准则层 B(B_1～B_3)对比判断矩阵

准则层	B_1	B_2	B_3
B_1	1	1/2	1
B_2	2	1	3
B_3	1	1/3	1
CR=0.017 6			

表 3.15　武汉市农业适宜性评价指标权重值

目标层 A	准则层 B	权重值	指标层 C	权重值	综合权重值
建设空间适宜性	地形地貌条件 B_1	0.240 2	地貌类型 C_1	0.500 0	0.120 1
			地形坡度 C_2	0.500 0	0.120 1
	工程地质条件 B_2	0.549 9	工程地质分级 C_3	1.000 0	0.549 9
	地质灾害条件 B_3	0.209 8	地质环境承载能力 C_4	1.000 0	0.209 8

3. 评价结果与分析

根据上述建立的评价指标体系,采用综合指数法计算农业空间和建设空间适宜性评价指数值,运用等距分级法(也称自然断点法)对适宜性指数值进行分级(表 3.16),相应地,研究区被划分为 4 个区:适宜区、较适宜区、较不适宜区和不适宜区。

表 3.16　建设空间适宜性综合指数值分级标准

适宜性级别	适宜	较适宜	较不适宜区	不适宜
建设空间适宜性评价值	3.12～4.00	2.57～3.12	2.23～2.57	1.36～2.23

利用 GIS 软件将各评价指标进行分级,再根据分级赋予属性值,然后将各评价指标分级图进行空间叠加,并加权计算综合指数值,最后根据综合指数值分级结果。利用图形处理功能绘制研究区建设空间适宜性评价分区图,如图 3.12 所示。从建设空间适宜性评价结果中

可以看出:研究区大部地区由于地质灾害的易发性较小,工程地质条件良好,对开展工程活动具有高的适宜性。而研究区部分地区如汉南区、江夏西部、黄陂区北部和新洲区东部,由于地质环境脆弱,在人类活动的影响下易引发地质灾害,应限制开展农业和建设活动。

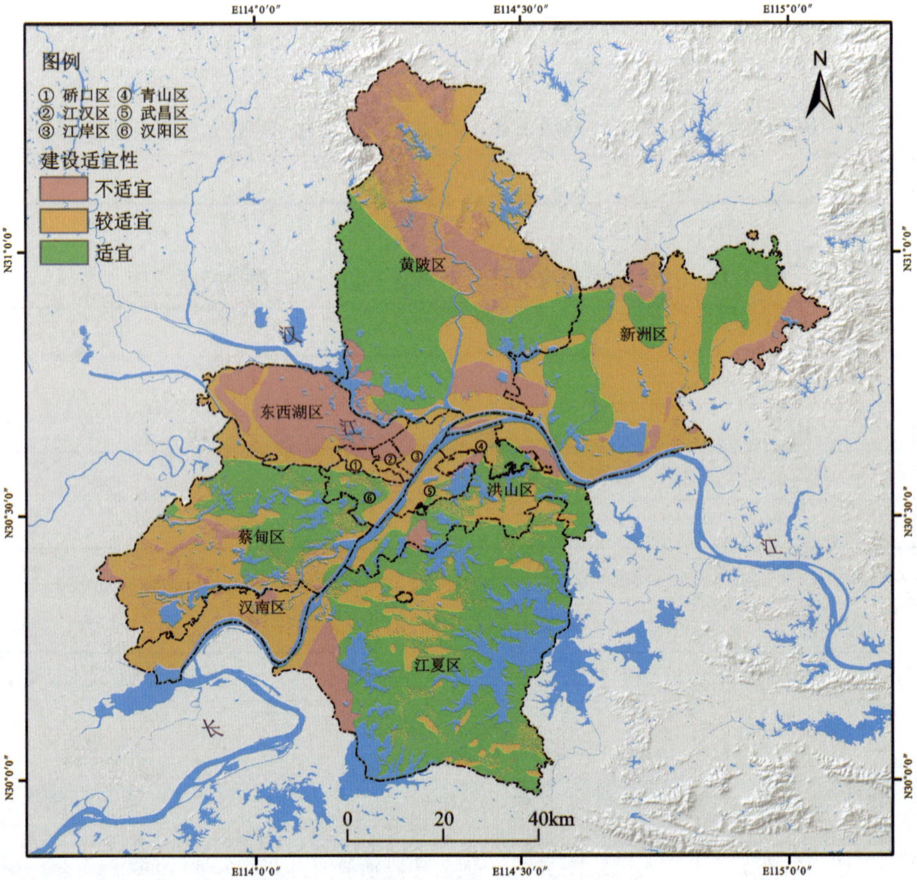

图 3.12 武汉市建设空间适宜性评价分区

3.2.6 土地资源功能综合区划

《武汉市土地利用总体规划(2006—2020 年)》提出重点保护基础性生态用地,合理安排生态建设用地,构建综合生态空间体系;加大生态建设和环境治理力度,统筹土地利用与生态保护,严格控制非农建设占用耕地,加大补充耕地力度;加强基本农田保护和建设,稳定数量,提高质量;严格控制建设用地规模。基于以上规划要求及建设生态文明的大背景,在开展武汉市土地资源功能区划时,需遵循"生态空间优先,农业空间次之,严格控制建设空间规模"的区划原则。根据生态功能区划结果、农业空间适宜性评价结果和建设空间适宜性评价结果,参考已有研究中的两项划分原则(林国锦,2015),一是最适宜原则,即某土地评价单元适宜的土地利用方式为该单元中适宜性最高的土地利用方式;二是当生态空间、农业空间和建设空间适宜性相冲突时,按照"生态用地—农业空间—建设用地"的顺序确定土地利用方式的优先等级。

研究区利用改良的多目标土地分配模型，综合考虑武汉市发展需求、土地资源禀赋条件与生态环境保护构建区划标准(图 3.2)，将武汉市划分为生态土地资源、农业土地资源、建设土地资源和其他土地资源，并通过 GIS 软件平台完成武汉市土地资源功能区划图。首先，利用属性库管理功能和图形处理功能将生态功能区划图、农业空间适宜性评价分区图和建设空间适宜性评价分区图分别赋予属性值；其次，利用空间分析功能将这三者的矢量图进行空间叠加；最后，基于功能区划标准，根据叠加后的新图层属性值，利用属性参数转换工具识别土地资源功能区，并绘制武汉市土地资源功能区划图，如图 3.13 所示。

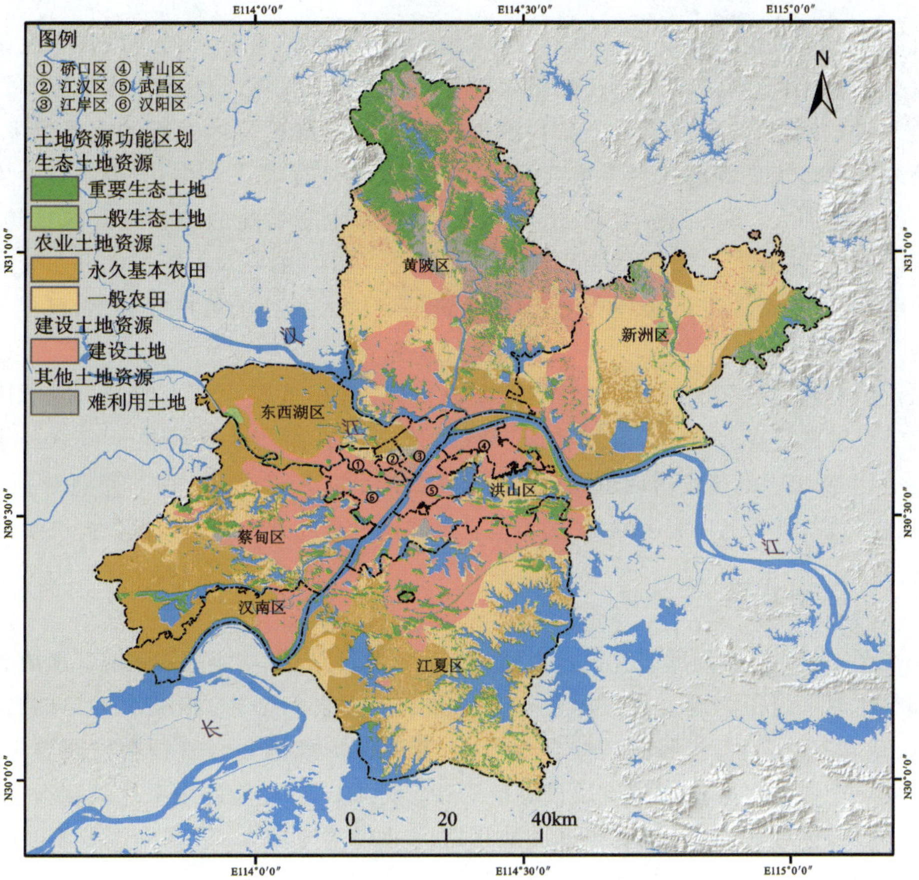

图 3.13 武汉市土地资源功能综合区划图

从图 3.13 中可以看出，武汉市农业空间占地最多，面积为 3 078.55km²，占总面积的 35.93%。各区均有农业空间分布，充沛的降水和平缓的地形，适宜进行农业生产。另外，东西湖区东部、蔡甸区和汉南区西南部的土壤富含硒元素，可开展富硒农作物的种植，这些区域也被区划为永久基本农田。建设用地面积为 2 946.48km²，占总面积的 34.38%。建设用地分布特点是主城区(江岸区、江汉区、硚口区、武昌区、青山区和洪山区)、江夏区和黄陂区大面积集中分布，其他区零散分布。主城区建设用地适宜性良好，地形平缓、工程地质岩性多为密实的黏土，工程条件较好，基本满足所有工程建设；黄陂区大面积建设用地分布在丘陵地带，岩性多为坚硬的火山岩和变质岩，虽有坡度较陡、存在发生地质灾害的隐患，但总体是满足工程建设用地的要求，可在注重工程安全保护的情况下开发建设。生态用地占地面积约2 544.12km^2，占武汉市总面积的29.69%，主要是黄陂区、新洲区的森林，以及零散分布的风景区、自然保护区和森林公园。

3.3 水资源功能区划

3.3.1 概述

水资源作为人类生存和发展必不可少的基础性自然资源，在社会经济发展中发挥着不可替代的重要作用(朱怡娟，2015)。它既是生态环境的控制性因素，也是自然资源和社会经济的基本单元体，水资源的可持续利用是自然资源与社会经济可持续发展的重要保障，保证水资源可持续利用是实现经济社会可持续发展的前提条件。随着人口增长、经济社会发展对水资源需求的不断加大，水资源的短缺、水质恶化、水资源生态功能的破坏等问题日趋加剧，严重影响人民的生活，并严重制约当地社会经济的发展。如何在需求不断扩大和水资源浪费及污染的问题下，对水资源进行合理利用，保障水资源可供人类社会可持续利用，已成为现在社会关注的重要议题。

武汉市虽然水资源较为充沛，自身资源基础良好，但是也存在不少问题。既有因水资源数量的不足导致的资源型缺水，又存在因区域水体被污染而使水资源供不应求的水质型缺水，还存在因水源工程的建设落后于当地区域经济发展的工程型缺水。故本章将分别开展地表水资源功能区划和地下水功能区划研究，为地表水和地下水的开发利用与保护提供参考依据。

3.3.2 区划方案

武汉市水资源功能区划的研究内容主要分为两部分：地表水功能区划和地下水功能区划。

地表水功能区是指为满足水资源合理开发和有效保护的需求，根据水资源的自然条件、功能要求、开发利用现状，按照流域综合规划、水资源保护规划和经济社会发展要求，在相应水域按其主导功能划定并执行相应质量标准的特定区域。水功能区划采用两级分区体系，即一级区划和二级区划，一级区划主要解决地区之间的用水矛盾，二级区划主要解决部门之间的用水矛盾。

在对武汉市地表水基本状况进行调查分析的基础上，定量评价地表水的水量、水质及开发利用程度等基本状况，参考相关的技术要求，对武汉市的主要干流及其支流、湖泊进行水功能区一级划分。具体技术路线见图3.14。

本章所提出的地下水功能区划分主要适用于平原区和山区河谷，故研究区以武汉市浅层地下水为研究对象，开展地下水功能区划研究。首先，充分利用已有的地下水调查、地下水监测及水文地质条件等资料，分析武汉市的地下水资源条件；其次，评价地下水功能，包括资源供给功能、生态功能和地质功能；然后根据功能评价结果，结合地下水开发利用现状，识别不同地区地下水的主导功能，进而对地下水进行功能区划分，有助于实现合理利用地下水、有效保护地下水资源的目标。具体技术路线如图3.15所示。

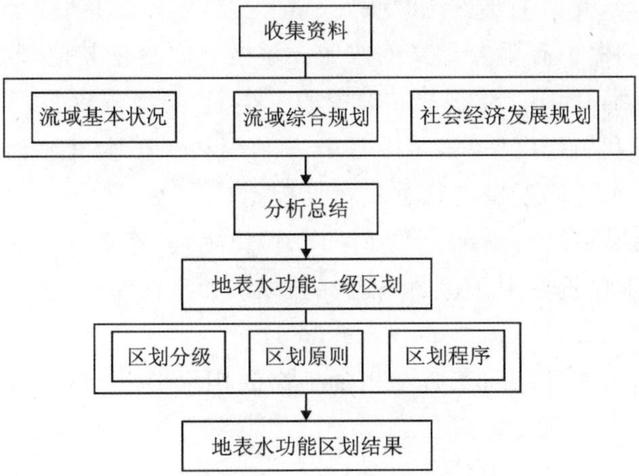

图 3.14　地表水功能区划技术路线图

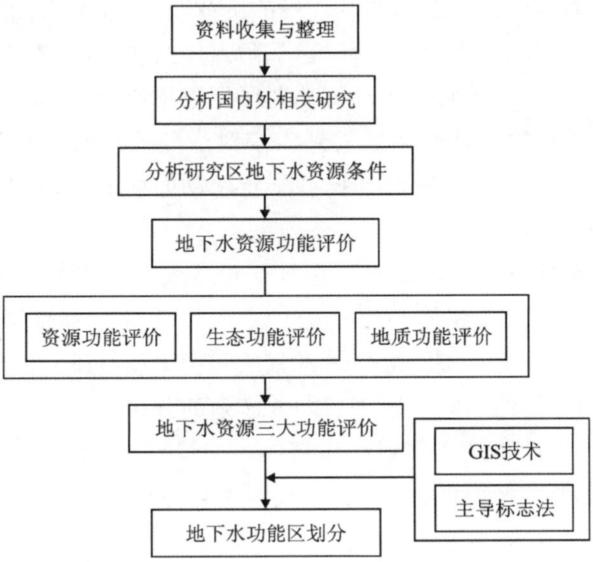

图 3.15　地下水功能区划技术路线图

3.3.3　地表水功能区划

3.3.3.1　区划分级

根据《全国水功能区划技术大纲规划》，我国地表水功能区划采用两级区划体系，即一级区划和二级区划。一级区划主要是为了解决水资源的开发利用和保护问题，划分为保护区、保留区、开发利用区和缓冲区。二级区划主要是为了协调地区内用水部门之间的用水矛盾，是在开发利用区中进行进一步区划。为了合理开发利用及有效保护各自然资源，为编制规划提供参考依据，故本书只做一级区划研究。

保护区：主要是指干流及主要支流源头区、重要的调水水源区、重要供水源地以及对自然生态与珍稀濒危物种的保护有重要意义的水域。该区域内禁止其他开发活动，水质标准应符合《地表水环境质量标准》(GB 3838—2002)中的Ⅰ类、Ⅱ类水质标准。

保留区：目前开发利用程度不高，为今后开发利用和保护水资源而预留的水域。该区内应维持现状不遭破坏，水质标准按现状水质标准控制。

开发利用区：主要是指具有满足工农业生产、城镇生活、渔业和游乐等多种水资源需求的水域。划区条件为取水口较集中、取水量较大的水域(如重要城市河段等)。该区内水质标准按二级区划相应的水质标准。

缓冲区：主要是为协调省际间矛盾突出的地区间用水关系而划定的水域，水质标准按现状控制。

3.3.3.2 区划原则

(1)可持续发展原则。水环境功能区划必须结合区域水资源开发利用整体规划和社会经济发展规划，根据水资源的可再生能力和水环境的承载能力，科学合理地开发利用水资源，并留有余地，保护当代和后代赖以生存的水环境，保障人体健康，促进人与自然的协调发展。

(2)统筹兼顾、突出重点的原则。水环境功能区划应将流域作为一个系统，充分考虑上下游、左右岸水资源的开发利用及社会经济发展需求对水环境功能区划的要求，统筹兼顾水资源的开发利用和保护。重点问题，重点处理，在划定水功能区的范围和类型时，必须以城镇集中饮用水源地为优先保护对象。

(3)前瞻性原则。水环境功能区划要考虑社会经济发展对水资源的需求，结合构建和谐社会的要求，尤其是要满足全面建设小康社会广大人民群众对水资源量和水环境质量的需求。以便使该区划为未来社会经济需求引入本领域和相关领域研究的最新技术留有余地。

(4)便于管理、实用可行的原则。水环境功能区划的分区界限尽可能与行政区分界一致，使水环境功能区划与社会经济发展规划相协调，水质目标与水污染物总量指标相匹配，总量指标与水环境容量相协调，以便将水环境功能区划成果更好的应用于水环境保护与管理中。区划是规划的基础，区划方案的确定既要反映实际需求，又要考虑经济社会发展，切实可行。

(5)水质水量并重原则。在进行水环境功能区划时，既要考虑开发利用对水量的需求，又要考虑其对水质的要求。不仅对城镇及重点污染源的主要污染物要确定允许排放量，而且从节约利用水资源角度，对污废水排放量也要合理控制。

(6)统一规范、分级控制原则。制定统一的工作程序，包括统一数据来源、统一操作平台、统一方法、统一标准等。

3.3.3.3 区划范围

由于武汉市河流众多、湖泊林布，因此本次将主要对武汉市境内 9 处江(河)段、24 个湖泊和 5 座水库进行区划。

3.3.3.4　区划程序

按照一级区划分类指标，结合武汉市河流、湖泊、水库等现状，统计分析各项社会经济指标，评价、预测各项供需水量，以确定各区水资源开发利用程度并协调各区用水关系，从而划分武汉市一级水功能区。本书只开展地表水功能一级区划，首先划定保护区，其次划定缓冲区和开发利用区，最后是保留区。

(1)保护区。保护区主要包括自然保护区、重要调水水源地和源头水源地。将国家级或省级自然保护区涉及的水域划定为保护区。武汉市划定了 1 个保护区，即沉湖保护区。

(2)缓冲区。通常将省际水域或矛盾突出地区的水域划定为缓冲区，以及在保护区与开发利用区相接时，为满足保护区水质要求而划定的水域。在本次划分过程中，由于武汉市无省际水域或矛盾突出地区水域，故结合实际，未划分缓冲区。

(3)开发利用区。根据水资源开发利用情况、水环境状况及社会发展规划划分开发利用区。将开发利用程度较高的水域划分为开发利用区，评判水域开发利用程度的高低主要依据工业总产值、非农业人口和城镇生产生活用水量等指标。主要评判方法是：将各行政区的各项指标按照从小到大的排列，每一指标按该顺序累加，当累加到某个值时累加结果超过所有指标累计值的百分之六十时，就将该值作为限值，只要该指标值超过限值就视为开发利用程度较高。且每个指标都要确定一个限值。基于现状，结合社会经济发展规划和水资源开发利用规划，将任一指标值高于限值的水域划分为开发利用区。水质目标不能低于现状水质类别。

(4)保留区。除保护区和缓冲区以外，其他开发利用程度不高的水域均可划为保留区。根据武汉市地表水资源情况，保留区将占主要划分区域。

3.3.3.5　区划结果

基于武汉市地表水资源基本情况、河流水系状况及地表水资源开发利用程度，结合社会经济发展规划和水资源开发利用规划，根据上述区划程序，进行了地表水功能一级区划，武汉市一级水功能区划对 15 处江(河)段、35 个湖泊、5 座水库进行了划分，其中江河部分划分为 11 个保留区、4 个开发利用区，湖泊部分划分为 1 个保护区、24 个保留区、10 个开发利用区，水库部分划分为 3 个保留区、2 个开发利用区，详情见表 3.17。根据区划结果，以武汉市水系图为底图，绘制武汉市地表水功能区划图如图 3.16 所示，可为地表水资源的信息化管理提供依据。

表 3.17　武汉市地表水功能区划结果一览表　　单位：个

水域名称	保护区	保留区	开发利用区	缓冲区	小计
湖泊	1	24	10		35
水库		3	2		5
长江		1	1		2
汉江		1	1		2
通顺河		1			1

续表 3.17

水域名称	保护区	保留区	开发利用区	缓冲区	小计
府河		1			1
滠水		2	1		3
举水		2	1		3
倒水		1			1
沙河		1			1
金水		1			1
合计	1	38	16		55

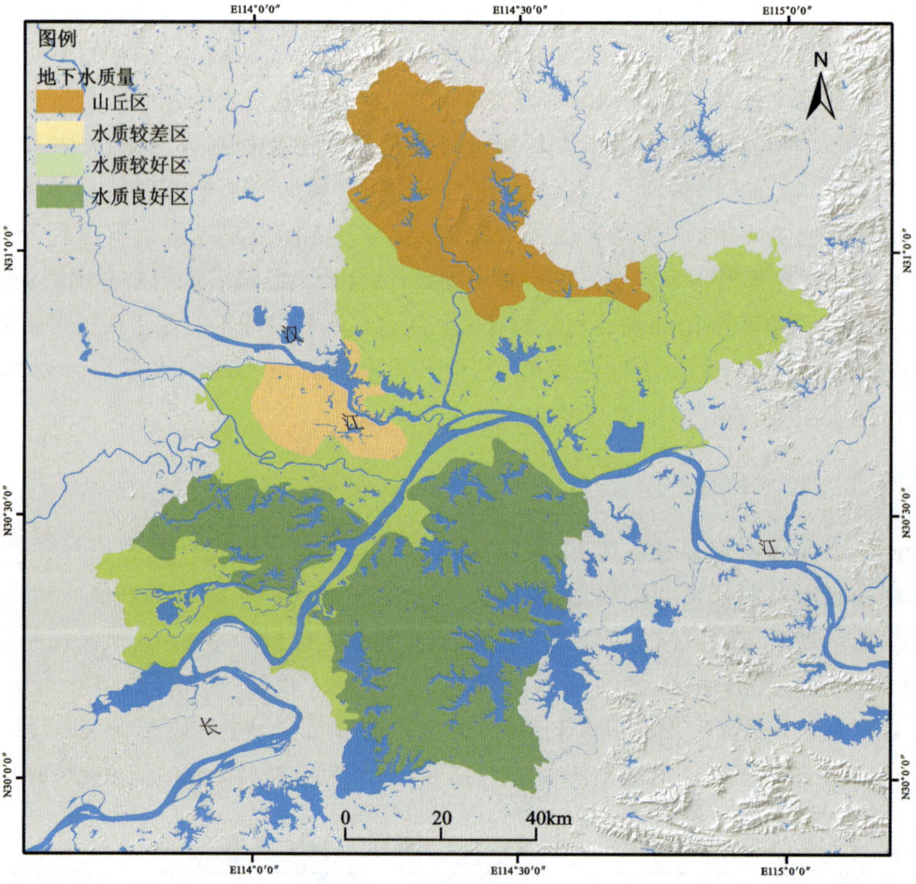

图 3.16　武汉市地表水功能区划图

3.3.4　地下水功能区划

3.3.4.1　地下水资源功能评价

地下水资源是指存在于地壳表层可供人类利用的地下水量（张人权，2013），它是水资源的重要组成部分。地下水不仅为人类的生产生活提供水源,同时也在保障生态环境安全和维持地质环境稳定方面具有重要的作用(郭占荣等,2005)。武汉市地下水资源较丰富,目前地下水的利用在全市用水总量中的比重很小,只占 1.2%左右。现状地下水的利用量占地下水资源量的比例,即地下水开发利用程度也较低。但是为了武汉市未来地下水资源的开发利用,本书将从地下水的资源供给功能、生态环境功能和地质环境功能出发,借助 GIS 技术的空间分析功能进行区划,为可持续利用地下水资源、制定保护生态环境与维持地质环境稳定的相关规划提供科学依据。由于地下水开发利用主要在平原区,包括一般平原区、山间盆地和河谷平原等,所以地下水规划与管理的重点在平原区。本书所提出的地下水功能区划分主要适用于平原区和山区河谷。

3.3.4.2　资源供给功能评价

评价地下水的资源供给功能,首先要考虑水量,保障地下水能被可持续地开发利用。其次,也要考虑水质要求,地下水水质保护也是实现资源保障的重要因素。故地下水资源供给功能评价分别从水量和水质两方面开展。

1. 地下水资源可开采量评价

地下水可开采量是指在可预见的时期内,通过经济合理、技术可行的措施,在不引起生态环境恶化和地质环境问题的条件下允许从含水层中获取的最大水量。地下水可开采量的确定,就是在寻求开采地下水资源获得的利益和环境损失之间的平衡点(Roseta-Palma,2003;姜兴明,2017)。考虑到山丘区地下水大部分以河川基流量、泉水出露量的方式排泄于地表,同时大部分山丘区不具备大规模开发利用地下水的条件,且开发利用山丘区地下水不会增加水资源可利用总量,因此,本书未计算山丘区地下水可利用量,只计算研究区平原区浅层地下水可利用量。平原区地下水可开采量采用可开采系数法来进行计算,计算公式如下为:

$$Q_{可采} = Q_r \cdot \rho \tag{3.8}$$

式中:$Q_{可采}$为地下水可开采量;Q_r为多年平均地下水补给量;ρ为开采系数。

地下水可开采模数计算公式为:

$$M_{可采} = Q_{可采}/F \tag{3.9}$$

式中:$M_{可采}$为地下水可开采模数($10^4 m^3/km^2$);$Q_{可采}$为地下水资源可开采量($10^4 m^3$);F为水资源区面积(km^2)。

根据计算所得的各水资源分区的地下水可开采量和分区面积,利用公式计算各水资源分区的地下水可开采模数,计算结果见表 3.18,并进行等级划分。利用 GIS 软件的空间分析功能将水资源分区图与地形地貌图进行叠加,根据新图层的属性边界确定平原区的水资源分区,根据地下水可开采模数分级结果,利用图像处理功能绘制武汉市地下水资源可开采模数分级图(图 3.17)。

表 3.18　武汉市地下水可开采量计算结果表

行政区	可开采量/($10^4 m^3/a$)	开采量/($10^4 m^3/a$)	计算面积/km^2	各区开采潜力模数($10^4 m^3/km^2 \cdot a$)
武昌区	8 228.72	59.6	482.39	17.06
汉口区	2 725.25	621.9	136.11	20.02
汉阳区	1 443.42	184.2	101.30	14.24
东西湖区	5 089.05	23.7	495.33	10.27
洪山区	1 889.65	50.1	518.11	3.65
武汉经济开发区	406.42	0	193.09	2.10
蔡甸区	723.25	0.5	246.51	2.93
汉南区	124.18	0	30.22	4.11
江夏区	973.91	33.7	457.39	2.13
黄陂区	1 721.78	90	445.78	3.86
新洲区	788.28	0	276.20	2.85
合计	24 113.9	1 063.7	3 382.43	7.13

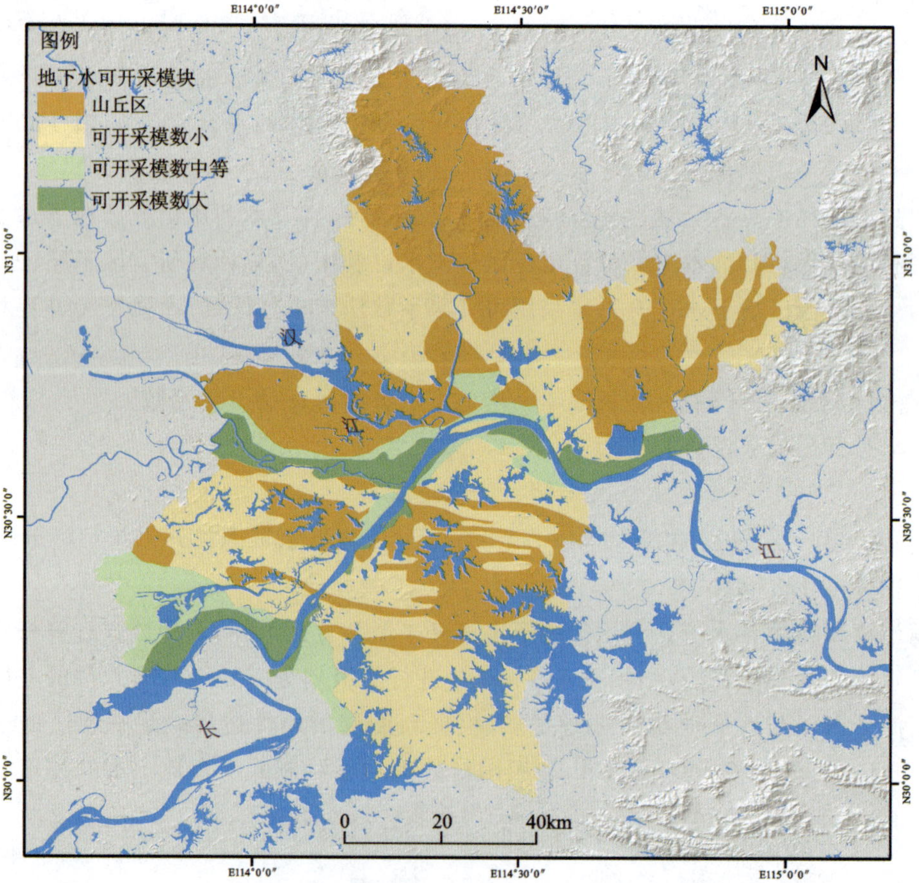

图 3.17　武汉市地下水可开采模数分布图

2. 地下水质量评价

根据国家标准《地下水质量标准》(GB/T 14848—2017)开展。具体评价过程如下：

(1)进行单项组分评价，评价的指标包括：pH 值、总硬度、溶解性总固体、硫酸盐、氯化物、铁、锰、铜、锌、钼、钴、挥发性酚类、高锰酸盐指数、硝酸盐、亚硝酸盐、氨氮、氟化物、碘化物、氰化物等共计 19 项。按照本标准所列的指标分类及限值，将指标划分为 5 类：Ⅰ类、Ⅱ类、Ⅲ类、Ⅳ类和Ⅴ类，根据从优不从劣的原则，划分指标所属质量级别。

(2)根据各指标所属的质量级别分别确定评价分值 F_i，如表 3.19 所示。

表 3.19　地下水单项组分评价分值 F_i 表

类别	Ⅰ类	Ⅱ类	Ⅲ类	Ⅳ类	Ⅴ类
F_i	0	1	3	6	10

(3)根据各项指标评分值计算综合分值，计算公式如下：

$$F=\sqrt{\frac{\bar{F}^2+F_{\max}^2}{2}} \tag{3.10}$$

$$\bar{F}=\frac{1}{n}\sum_{i=1}^{n}F_i \tag{3.11}$$

式中：F 为各项指标的综合评分值；$\bar{F}$ 为各项指标评分值 F_i 的平均值；$F_{\max}$ 为各项指标评价分值 F_i 中的最大值；n 为指标总项数。

(4)运用上述公式计算综合评价分值 F，并根据 F 值的大小划分地下水质量级别(表 3.20)。

表 3.20　综合评分值分级表

级别	优良	良好	较好	较差	极差
F	<0.80	0.80～2.50	2.50～4.25	4.25～7.2	>7.2

基于武汉市地下水调查资料，根据单项指标评价分级标准，将各单项指标浓度分布图进行分级并赋评分值，然后利用空间分析功能将所有单项指标分级图进行叠加，叠加后的新图层具有所有单指标的评分值，利用属性库管理功能将评分值导出到 Excel 表中，利用 Excel 计算分析每一评价单元评分值的平均值和最大值，再将计算分析所得的结果导入到叠加后的新图层中作为新的属性值，接着，利用图形处理功能的属性参数转换工具计算各基本评价单元的综合评分值，并根据分级结果绘制武汉市地下水质量评价结果图(图 3.18)，将武汉市浅层地下水质量划分为 4 个级别：水质良好区、水质较好区、水质较差区和山丘区。

3.3.4.3　生态环境功能评价

地下水生态环境功能是指地下水生态系统对陆地植被、湖泊、湿地或土地质量良性维持的作用或效应。

地下水开发利用对生态环境的影响主要表现为地下水水位的下降。地下水开发利用对

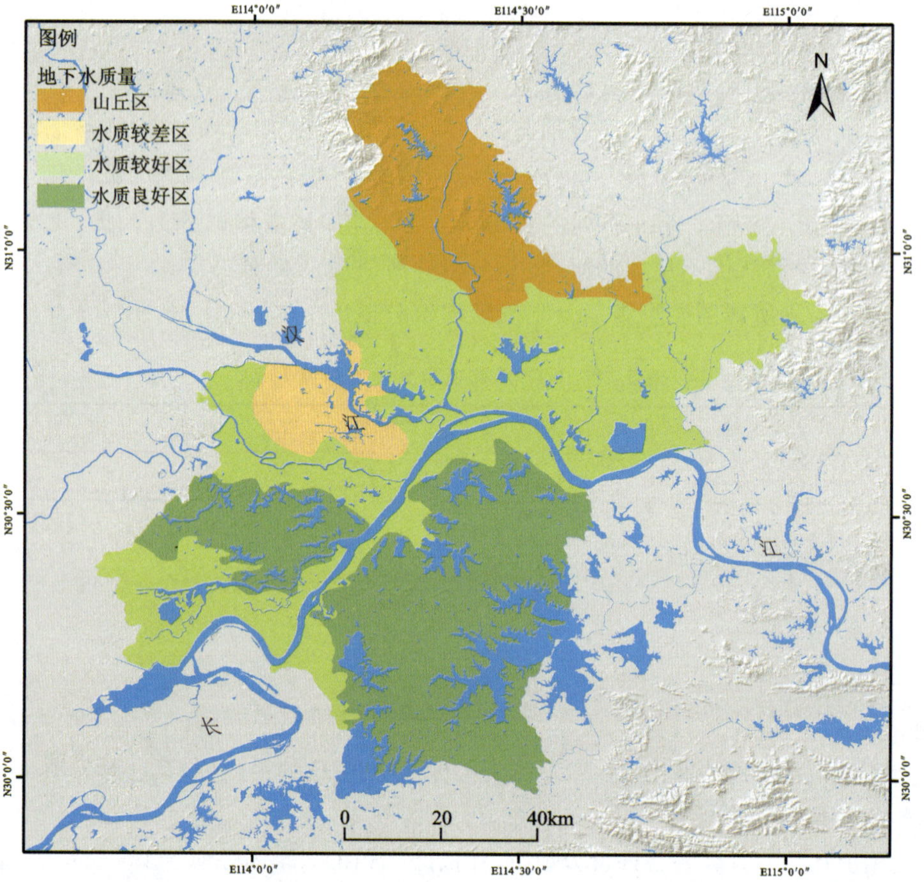

图 3.18 武汉市地下水质量评价结果图

土地质量变化的主要影响包括土地沙化和土壤盐泽化。根据研究区实际情况，并没有土地沙化和土壤盐渍化的问题发生，因此在此次生态环境功能评价中以生态功能为主。

根据对武汉市地下水过量开采造成的生态环境问题的分析，考虑生态环境问题与地下水资源开发利用之间的联系，选择地下水生态环境功能评价指标，主要包括水源涵养区、生物多样性保护化。生态功能区划反映了生态功能的重要性，不同的生态功能区对水资源的需求不同，而且地下水资源的开发利用对生态保护区有不利的影响。本书在第 3 章开展了生态功能区划研究，在对地下水生态环境功能进行评价时直接利用该区划成果，区划结果如下(图 3.19)。

3.3.4.4 地质环境功能评价

1. 评价指标选取与量化

地下水资源对地质环境的影响主要是地壳稳定性和地质环境问题的发生，武汉市地下水资源较丰富，目前虽未充分利用，但城区内部分工业对地下水开采的部署及开采方式不尽合理，局部已形成地下水降落漏斗。

根据上述对地下水不合理开采引起的主要地质环境问题的分析，本书选取地层岩性、地

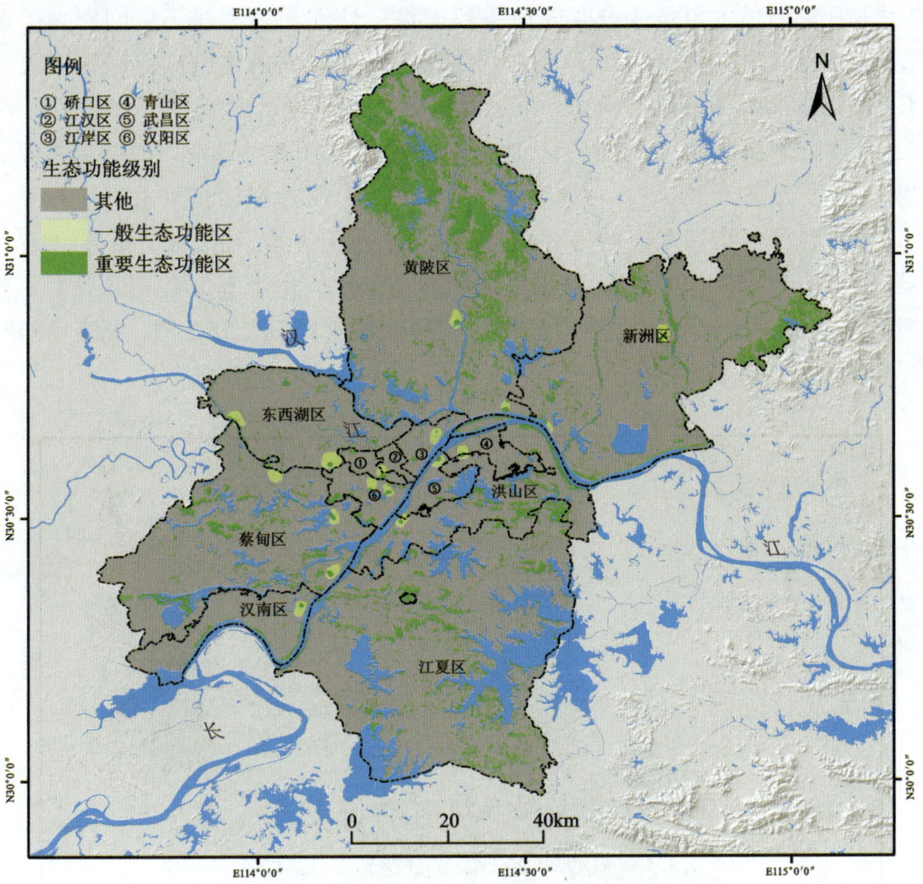

图 3.19　武汉市地下水生态环境功能

面塌陷易发性、富水性强度 3 个影响因子作为地下水地质环境功能评价指标。按照一定的分级标准将这 3 项评价指标分为 3 级，分别对应地质环境功能的强、中、弱。为了便于后续各项指标的比较与计算，对各项评价指标的不同级别进行赋值，按照生态环境功能的强、中、弱分别赋值为 3、2、1，具体见表 3.21。

表 3.21　地下水资源地质环境功能评价指标分级与赋值标准

评价指标	指标分级与赋值		
	3	2	1
地层岩性	黏性土、黄土	以碎屑岩为主的软弱岩层	以碳酸岩和碎屑岩为主的坚硬岩层
地面塌陷易发性	高易发性	中易发性	低易发性
富水性强度	富水性强	富水性一般	富水性

2. 权重的确定

本次评价利用层次分析法（AHP）确定各评价指标的权重值，主要是通过分析各项评价指标对地质环境功能评价的相对重要性，根据分析结果利用 yaahp 软件计算各项评价指标的权重值。地下水开发利用主要是通过改变地质环境稳定性和诱发地质环境问题发生来影响地下水地质环境功能。研究区由于地下水的不合理开采而引起的地质环境问题主要为地面塌陷,因此在三个指标中,影响权重较大。根据武汉市资源环境承载能力评价研究成果,武汉市地面塌陷易发性分区图如图 3.20 所示。地下水开发利用对地壳稳定性的影响主要是重大工程实施过程对地下水的开发,故针对整个研究区,在富水性的指标权重上占比相对较小。首先根据上述分析各评价指标之间的相对重要性建立评价指标的对比判断矩阵,见表 3.22;然后计算判断矩阵的一致性比率 CR 值,计算结果为 0.008 8,小于 0.1,说明该判断矩阵具有满意的一致性,即所取得的权重值合理。最终计算得到评价指标地层岩性、岩溶塌陷和富水性强度的权重值分别为 0.297 0、0.539 6、0.163 4。

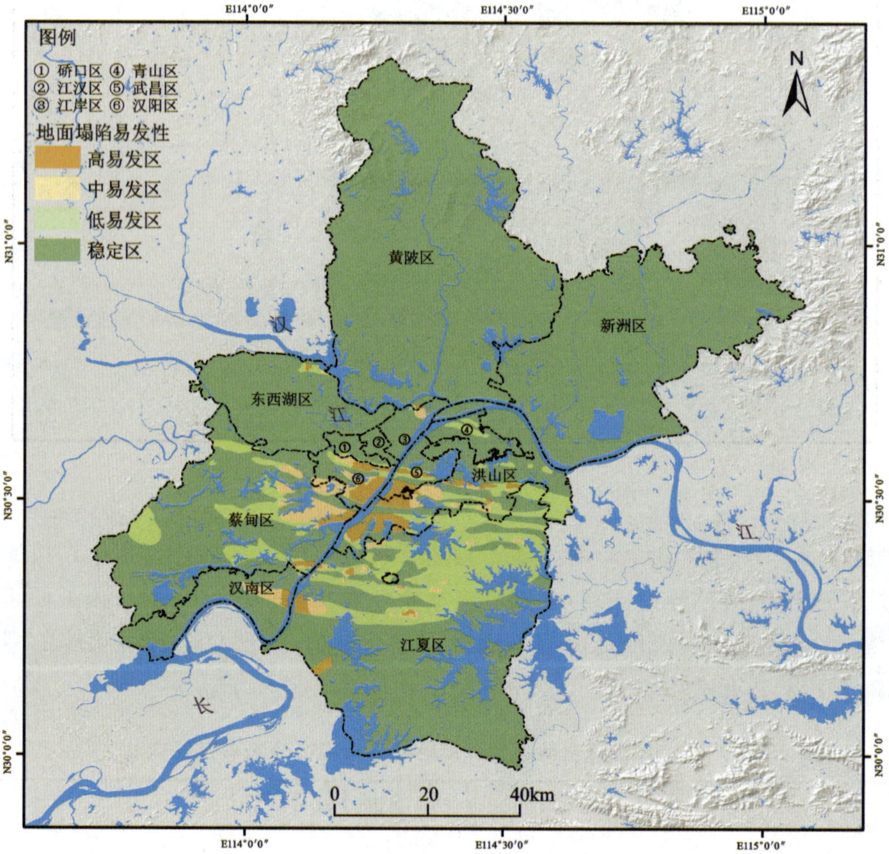

图 3.20 武汉市地面塌陷易发性分区图(徐贵来,2016)

表 3.22 地下水资源地质环境功能评价指标判断矩阵

	地层岩性	地面塌陷易发性	富水性程度
地层岩性	1	1/2	2
地面塌陷易发性	2	1	3
富水性程度	1/2	1/3	1
CR=0.008 8			

3. 评价结果

地质环境功能评价与地下水资源生态环境功能评价同理，以各项评价指标的属性边界作为评价单元的边界，根据已确定的评价指标属性值和权重值，利用综合指数法计算各个评价单元的地质环境功能综合指数值。并利用自然断点法将计算出来的地质环境功能综合指数值分为 3 个等级，即地质环境功能强、中、弱，分级标准见表 3.23。对各项评价指标图进行分级和赋属性值，然后将各项评价指标分级图进行叠加，再利用属性参数转换工具加权计算综合指数值，根据地质环境功能综合指数值的分级标准，利用图形处理功能绘制武汉市地下水资源地质环境功能评价分级图（图 3.21），将研究区分为地下水地质环境功能强区、中区、弱区。

表 3.23　地下水资源地质环境功能评价分级标准

综合指数值	1～1.43	1.43～1.86	1.86～2.30
地质环境功能等级	弱	中	强

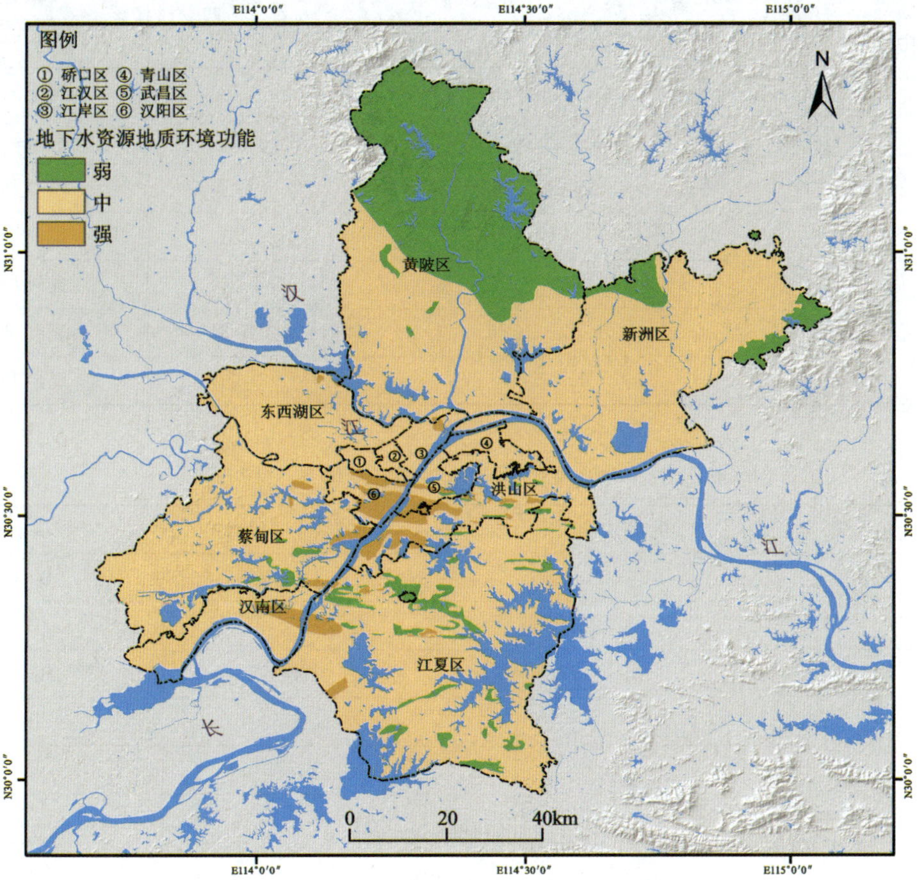

图 3.21　武汉市地下水资源地质环境功能评价结果图

3.3.4.5 地下水功能区划方法

基于地下水的资源供给功能、生态环境功能、地质环境功能评价结果，结合地下水开发利用现状，采用主导标志法进行地下水功能区划分。

将地下水的资源供给功能、生态环境功能与地质环境功能的评价结果进行单项功能分级，不同的评价分级对应不同的功能状况及相应的地下水开发利用前景，地下水功能评价结果分级见表 3.24。利用主导标志法进行地下水功能区划，是在地下水单项功能评价结果的基础上，综合比较地下水各项功能状况之间的强弱关系，将优势功能作为主导功能，兼顾辅助功能及弱势功能，根据不同的功能组合特征，确定评价区内地下水利用的主导功能和开发利用前景。根据地下水资源开发利用需求以及生态环境和地质环境保护与维持的目标，参考相关文献研究（乔光建，2009；谈梦月，2013），按照各项功能之间的强弱关系进行不同的功能组合，并建立地下水功能区划体系，如表 3.25 所示。

表 3.24 地下水资源功能评价结果分级表

功能名称与代码	分级指数	功能状况	开发利用前景
资源功能(B_1)	可开采模数大、地下水水质良好或较好	强	规模开采
	可开采模数中等、地下水水质差	中等	调节开采
	可开采模数小(山丘区)、地下水水质极差	弱	禁止开采
生态环境功能(B_2)	重要生态功能区	强	不宜利用
	一般生态功能区	中等	涵养利用
	其他区	弱	规模利用
地质环境功能(B_3)	1.86～2.30	强	难以利用
	1.43～1.86	中等	涵养利用
	1～1.43	弱	规模利用

表 3.25 地下水功能区划体系

区划类型	优势功能(强)	辅助功能(中等)	劣势功能(弱)
开发利用区	—	B_1	B_2B_3
	B_2	B_1	B_3
生态脆弱区	—	B_3	B_1B_2
	—	B_2B_3	B_1
	B_2	B_3	B_1
	B_2	—	B_1B_3

续表 3.25

区划类型	优势功能(强)	辅助功能(中等)	劣势功能(弱)
地质灾害易发区	B_3	—	B_1B_2
	B_3	B_2	B_1
	B_3	B_1	B_2
水源涵养区	—	B_1B_3	B_2
	—	B_1B_2	B_3
	B_2	B_1B_3	—
	B_1B_3	B_2	—
保护区	—	—	$B_1B_2B_3$
	—	B_2	B_1B_3
	B_2B_3	—	B_1
	B_3	B_1B_2	—
	—	$B_1B_2B_3$	—
	B_2B_3	B_1	—
	B_1B_3	—	B_2

3.3.4.6　区划结果与分析

基于武汉市地下水资源供给功能、生态环境功能和地质环境功能评价结果，根据功能区划分级和功能区划体系，并参考地下水功能区划技术和武汉市地下水开发利用现状开展地下水功能区划研究，本书将研究区浅层地下水划分为开发利用区、生态脆弱区、水源涵养区、地质灾害易发区和保护区。根据上述地下水功能评价分级结果，将地下水功能评价分级图进行编码，然后将资源供给功能、生态环境功能和地质环境功能评价分级图进行空间叠加，根据上述区划体系，完成武汉市地下水功能区划分，划分结果如图 3.22 所示。

从图 3.22 可以看出，开发利用区主要分布在武汉市主城区，基本上可以满足主城区地下水的使用需求，对于现阶段武汉市用水来说，地下水资源现在仍处于满足工业及水源热泵用水需求；岩溶地面塌陷区、存在塌陷隐患的岩溶分布区及存在地下水降落漏斗的地下水超采区划分为地质灾害易发区，主要分布在江夏区中部，面积约为 435.41km^2，占研究区总面积的 5%左右；本着山丘区地下水以保护为主的原则，将大部分地下水开采利用价值不大的山丘区划分为保护区，主要分布在研究区北部，面积约 820.9km^2，占研究区总面积的 9.6%；水源涵养区则主要分布在研究区江夏区的东南区域和研究区西部部分区域，面积约为 1 434.13km^2，占研究区总面积的16.7%。

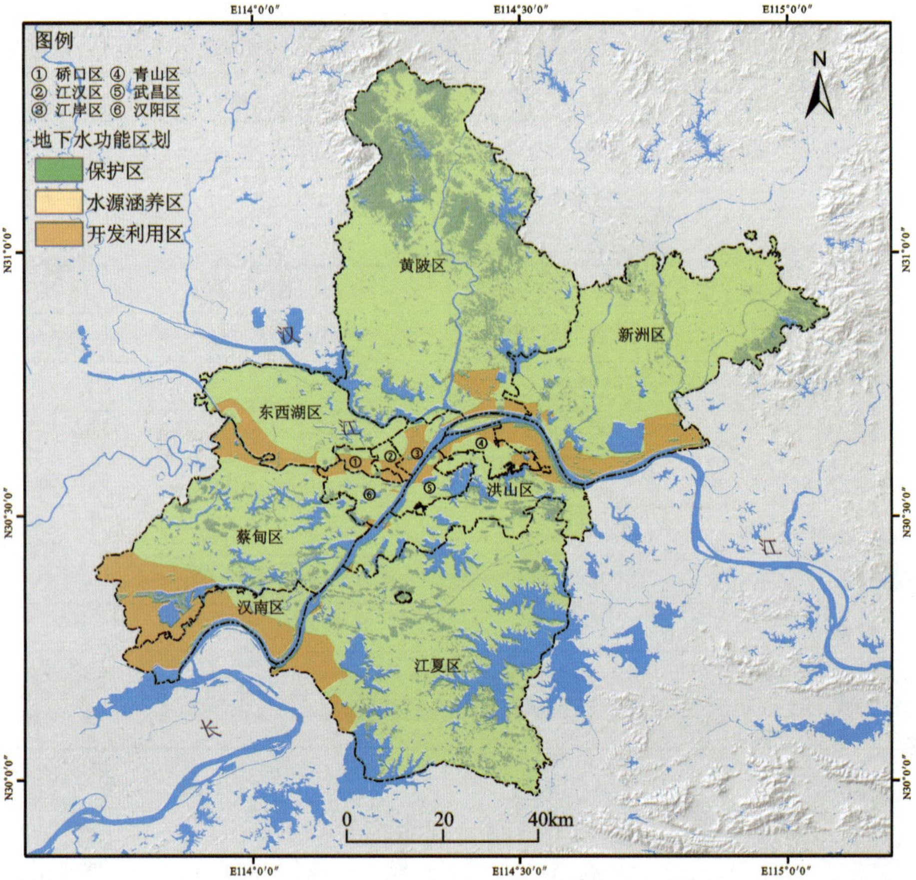

图 3.22 武汉市地下水功能区划图

3.4 地质资源功能区划

3.4.1 概述

地质资源功能区划研究内容主要分为两部分：矿产资源综合区划和地质遗迹资源区划。

3.4.1.1 矿产资源综合区划

矿产资源综合区划是以分布有矿产资源的地域为研究对象，以成矿规律作为区域的基本分异规律，综合反映和揭示矿产资源类型、特点、开发利用条件等区间差异性与区内的一致性，通过对影响矿产资源区划的资源、环境、经济、社会要素进行综合评价和分析，按照开发利用、节约保护等要求，将地质成矿区划、矿产资源分布、主体功能区划、生态功能区划、经济区划以及行政区划等有机结合起来进行的地域分区和功能分区（杨博，2016）。

矿产资源综合区划中，由于目前还没有成熟的研究方法可以参考，需要根据研究区矿产资源的基本情况探索矿产资源综合区划方法，因此，在查阅资料文献后，结合研究区实际矿产资源情况，确定矿产资源综合区划方法。首先，根据矿产资源的分布情况、组合特征和开发利用的影响因素，构建矿产资源功能区划指标体系；然后，采用判别分析法构建区划模型；最后，根据区划模型确定区划方案，开展矿产资源综合区划研究，并绘制矿产资源综合区划图。具体技术路线图见图 3.23。

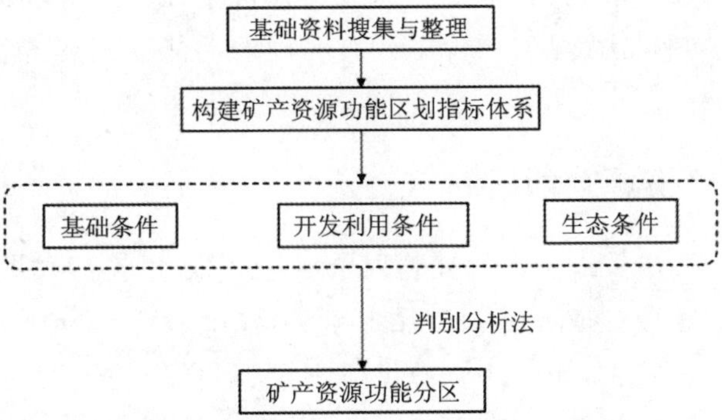

图 3.23　武汉市矿产资源综合区划技术路线图

3.4.1.2　地质遗迹资源区划

根据武汉市已有的有关地质遗迹资源的资料，从已确定的具有科学价值和美学价值的 23 处地质遗迹入手，结合地质遗迹的类型、分布特征、价值和保存现状，对地质遗迹资源进行评价和保护区划。首先，参考前人的研究及相关的技术要求，以地貌单元、构造单元为基础，根据地质遗迹分布特征和空间差异进行自然区划，得到地质遗迹分布区；其次，根据《地质遗迹调查规范》按照分类评价的原则，组织专家集体鉴评确定，进行地质遗迹评价；最后，根据地质遗迹评价结果，采用数学模型进行地质遗迹保护区划，划定了不同等级的地质遗迹保护区。武汉市地质遗迹资源保护区划的技术路线如图 3.24 所示。

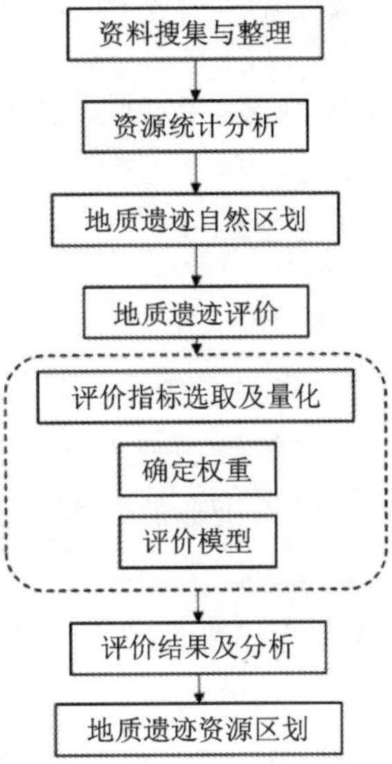

图 3.24　武汉市地质遗迹资源保护区划技术路线图

3.4.2　研究方法

常用的功能区划方法主要包括叠置法、聚类分析法和判别分析法（陈雯等，2009）。其中，叠置法过于主观，通过聚类分析获得的结果特异性较低，可能无法明确定义评估单位（侯华丽，2015），并且矿产资源综合区划以生态环境为约束条件，如果以其他指标进行聚类没有实际意义。目前常用的地域功能识别方法是判别分析法（宋传耿等，2007）。本书将采用判别分析法，通过构建基于矩阵判别分析的区划模型，从而进行矿产资源综合区划研究。地质遗迹资源保护区划研究采用了定性与定量相结合的方法，主要是综合指数法。综合指数法已在前文章节中详细描述，在此不再赘述，判别分析法的详细描述如下。

判别分析法又称"分辨法"，是在分类已经完成的情况下，根据研究对象的各个特征值判断其类型归属问题的一种多变量统计分析方法。其基本原理是根据一定的判别准则，建立一个或多个判别函数，用大量的研究对象数据资料来确定判别函数中的待定系数，并计算判别指标，从而确定某一样本属于何种类型。本书利用判别分析法进行矿产功能区划是通过各指标间的组合类型进行功能区的判别，不仅能够突出评价单元的主导功能，而且不受评价单元尺度大小的影响，且不同组合状况的评价单元有明确的功能区归属，能够较好地克服叠置法和聚类分析法的明显缺陷。

3.4.3 地质矿产资源功能区划

矿产资源作为社会经济发展中的重要物质资源，是中国可持续发展的重要保障(孟旭化，2009)，也是生态系统的重要构成要素。近几十年来，伴随着矿产资源大规模持续的开发，引发的一系列问题也同样在发生，如矿产资源供应不足、不合理的开发利用导致资源的浪费以及矿产资源开发造成的环境污染、生态环境恶化等(鹿心社等，2006)。为贯彻执行生态文明建设总体要求，促进资源开发与环境保护协调发展，统筹矿产资源的经济、生态和社会功能，进行合理的矿产资源综合区划是十分有必要的。

3.4.3.1 区划指标体系及区划模型构建

1. 区划指标与分级

矿产综合区划需要考虑的主要因素有资源潜力与开发利用现状，因此构建矿产资源综合区划体系，除了遵循区划的综合相似性和区域差异性等一般性原则外，还应该将生态文明和可持续发展的理念纳入其中。为此，通过分析影响研究区矿产资源开发利用的因素进行矿产资源综合区划指标的选取与量化(杨博，2016)。

根据综合区划的目标定位与内涵，遵循自下而上的区划思路，按照"目标层→准则层→指标层"逐级构建矿产资源开发综合质量指数评价指标体系。其中目标层为矿产资源合理开发与区划可持续发展，准则层主要从资源条件、现状开发利用条件、生态条件和区域经济潜能等四个方面考虑，指标层包含若干指标组成，具体指标说明如下。

资源条件是矿产资源综合区划的关键指标，也是最基本的指标。矿产资源是一种特殊的资源，它的赋存位置决定了它的开发利用程度，也就是说它必须就地开发。只有矿产资源富集的地区，才有可能成为矿产资源开发利用的重点区域。因此，矿产资源的资源储量可以作为矿产资源开发利用的重要指标。本书将武汉市各区域内各种优势矿种资源储量的总值作为矿产资源开发利用区划的指标，并将其分为四级：丰富、较丰富、一般和匮乏。根据武汉市的矿产资源规划及国土资源年鉴等资料，可获得各行政区矿产资源的资源储量，并进行计算与分级。为了后续空间叠加分析，根据计算结果，以武汉市行政区划图为底图绘制武汉市矿产资源储量分级图，见图 3.25。

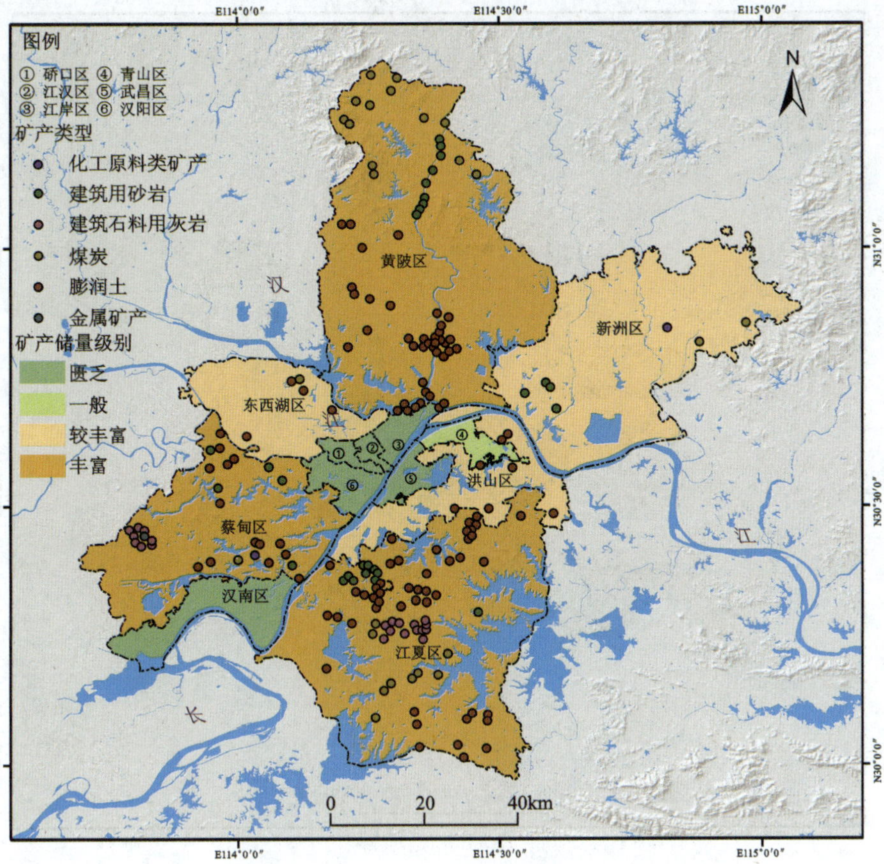

图 3.25 武汉市矿产资源储量分级图

现状开发利用条件：区域的基础性条件对矿产资源的开发具有促进或制约作用。根据分析矿产资源的开发条件，地形、水和交通设施等都是影响矿产资源开发利用的外部因素。本书的最终研究目的是将各自然资源开发利用的区划结果进行叠加来划分国土空间功能区，以确定各项自然资源单要素的开发利用趋势，故在矿产资源开发利用区划中不考虑叠加水资源条件。根据数据可获性原则，利用地形起伏度和交通优势度两个指标综合反映该区域矿产资源开发利用的基础条件，根据武汉市的地质调查成果，武汉市地形坡度分级图见图 3.6。交通优势度主要是根据交通密度、距交通干线距离和距交通枢纽距离进行综合评判的（金凤君，2008），采用武汉市已有的研究成果中的数据（华梦丽等，2018），经计算可得到武汉市各行政区的交通优势度，并将计算结果进行分级，并根据计算结果，以武汉市行政区划图为底图绘制武汉市交通优势度分级图，如图 3.26 所示。

生态条件：生态环境条件作为约束矿产资源开发的重要影响因素，会直接影响矿产资源的开发利用。在生态文明建设的大背景下，矿产资源开发利用必须要考虑生态环境条件，将生态功能非常重要的地区划分为禁止矿产资源开发的区域。从已有的研究成果来看，学者们通常采用生态重要性、生态脆弱性指标来反映影响矿产资源开发利用的生态环境条件。故考虑到研究区的实际情况和资料的可获得性，本书利用生态服务功能重要性指标来表达生态环

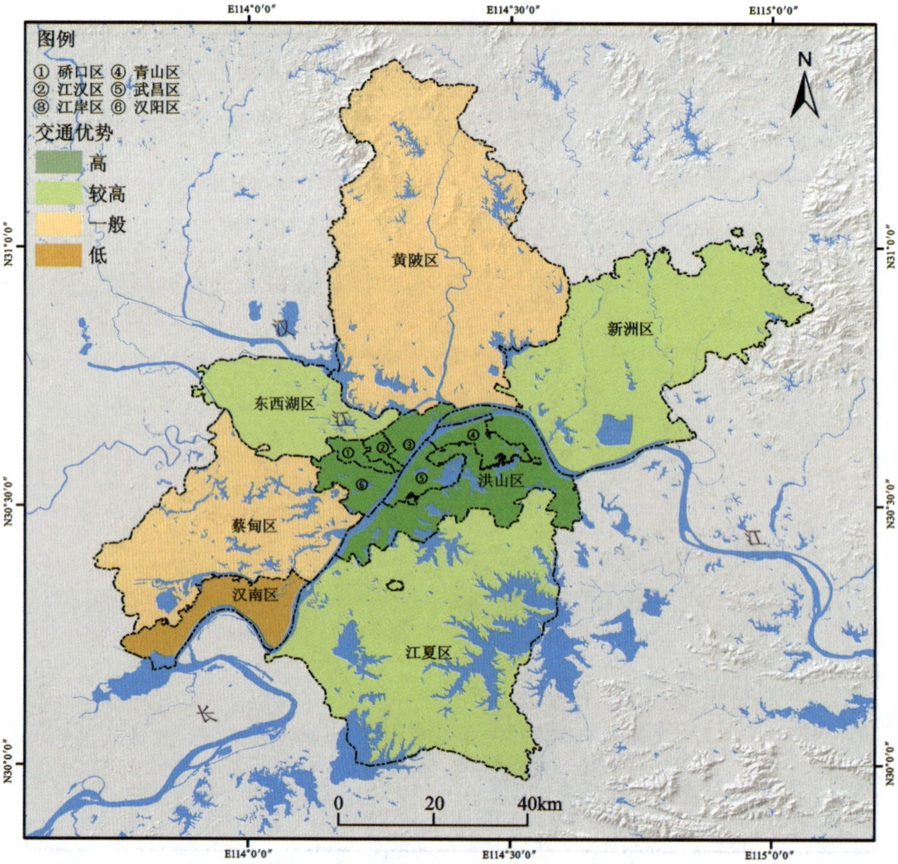

图 3.26　武汉市交通优势度分级图

境条件。本书在 3.2.3 节开展了生态服务功能重要性评价，评价分级情况见图 3.5，故在该区划过程中直接利用该评价结果作为生态环境指标。

区域经济潜能：矿产资源作为区域发展的自然资源条件。在矿产资源富集地区，相关产业肯定对社会经济发展和工业发展贡献较大。矿产资源综合区划要全面考虑矿产资源开发及其后续产业的协调发展，全面考虑矿业生产力布局，因此，必须要考虑地区经济发展潜能。目前比较成熟的研究是采用工业化阶段来表征区域发展需求，主要采用钱纳里的工业化阶段划分方法，是通过人均国内生产总值(GDP)和三次产业结构两项指标来综合判定，判定标准见表 3.26。根据 2018 年武汉市统计年鉴，可获得武汉市各行政区人均国内生产总值(GDP)及各产业比重值，经统计具体见表 3.27。

表 3.26　钱纳里工业化阶段的判断标准

判断指标	钱纳里工业化阶段的判断标准				
	前工业化阶段	工业化初期	工业化中期	工业化后期	后工业化阶段
人均 GDP/美元	781～1562	1562～3125	3125～6250	6250～11 718	11 718 以上
三次产业结构	$A>I$	$A>20\%$，且 $A<I$	$A<20\%$，且 $I>S$	$A<10\%$，且 $I>S$	$A<10$ 且 $I<S$

注：A、I、S 分别是第一、第二、第三产业比重。

表 3.27 武汉市各行政区人均 GDP 及三次产业结构比重值

地区	第一产业比重/%	第二产业比重/%	第三产业比重/%	人均 GDP/美元
江岸区	0.04	3.59	12.08	16 112.20
江汉区	0.00	1.28	14.95	22 618.81
硚口区	0.00	2.60	7.22	11 110.16
汉阳区	0.00	11.05	4.21	20 984.80
武昌区	0.00	2.64	13.27	12 476.53
青山区	0.03	5.64	2.67	14 254.34
洪山区	0.48	3.59	10.44	8 447.53
东西湖区	4.04	9.31	2.36	18 760.44
蔡甸区	12.32	3.78	1.76	7 814.15
江夏区	25.44	8.16	2.65	12 187.30
黄陂区	30.98	5.55	3.51	10 266.43
新洲区	20.42	6.51	2.96	10 828.43
汉南区	6.24	36.31	21.90	396 270.18

根据已获得的数据，采用钱纳里工业化阶段的判断标准评判各行政区所处的工业化阶段，并将具体评判结果可视化，以武汉市行政分区图为底图绘制武汉市工业化阶段结果图(图 3.27)。

2. 区划模型构建

本书基于判别分析法，以矿产资源要素为中心，以开发利用条件、生态环境条件及社会经济条件为约束性条件，通过构建基于矩阵判别分析的区划模型进行矿产资源功能区综合划分，划定了矿产资源的可采区、限采区、禁采区和其他区。矿产资源综合区划主要通过以下步骤识别：

(1)首先划分禁止开发区(生态保护区)，只要具备生态环境保护功能的区域或生态服务功能重要的区域直接划分为禁止开发区。

(2)剔除已划定的禁止开发区(生态保护区)，用区域社会经济指标来判别矿产资源可采区，其他指标作为参考指标来进行划分。

(3)剔除以上两个功能区，利用资源基础条件与开发利用条件之间的不同组合划分其余各功能区。

根据上述区划指标的分级结果(分级代码见表 3.28)，基于判别分析法通过四个指标的不

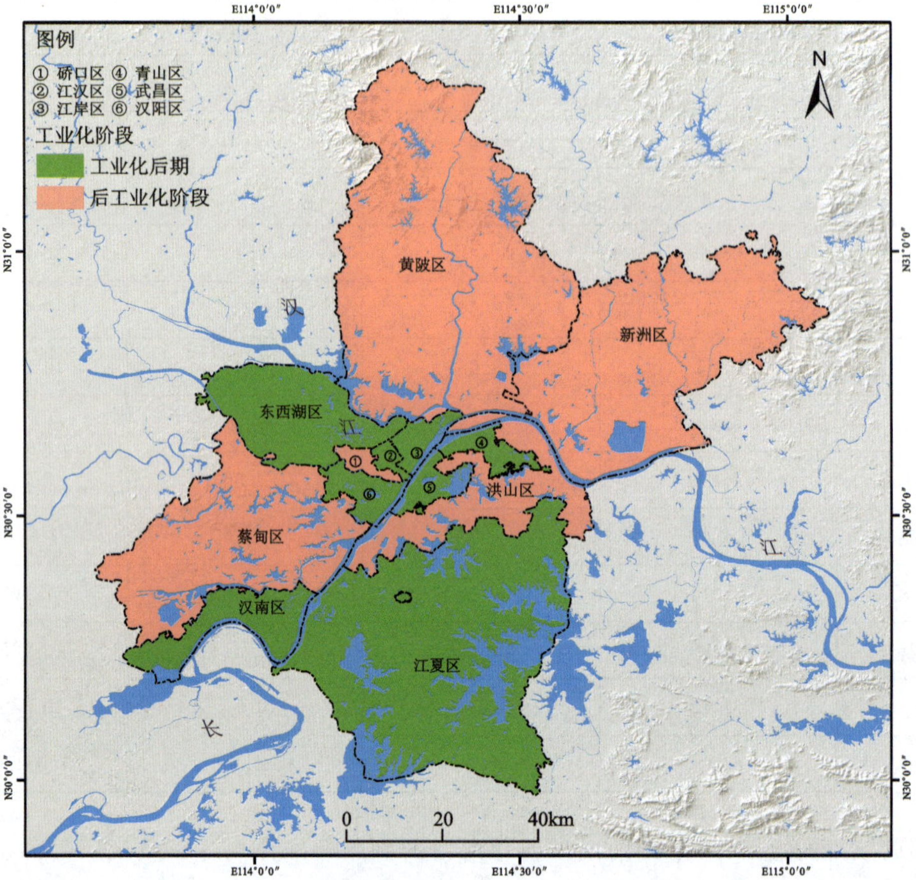

图 3.27　武汉市各区的工业化阶段分布图

同组合形式进行功能区识别。将生态环境条件以及区域社会经济发展指标确定为约束性指标，分别设定一个门槛值，高于此门槛值的范围即为受约束的范围，而低于此门槛值的范围则不受约束，由此，四个指标的不同识别矩阵如表 3.29 所示。

表 3.28　评价指标分级代码表

分级名称	分级代码	分级名称	分级代码	分级名称	分级代码	分级名称	分级代码
资源条件	ZY	开发条件	KF	生态重要性	ST	工业化阶段	XQ
丰富	ZY1	好	KF1	重要	ST1	后工业化阶段	XQ1
较丰富	ZY2	较好	KF2	一般重要	ST2	工业化后期	XQ2
一般	ZY3	一般	KF3	其他	ST3	工业化中期	XQ3
匮乏	ZY4	差	KF4			工业化初期	XQ4

表 3.29　矿产资源综合区划识别矩阵表

组合矩阵	ST1-2XQ1-4	ST3XQ1	ST3XQ2-4
ZY1KF1	禁采区	其他区	
ZY1KF2			可采区
ZY1KF3			
ZY1KF4			限采区
ZY2KF1			
ZY2KF2			
ZY2KF3			
ZY2KF4			
ZY3KF1			
ZY3KF2			
ZY3KF3			
ZY3KF4			
ZY4KF1			
ZY4KF2			
ZY4KF3			
ZY4KF4			

3.4.3.2　区划结果

基于上述区划模型和识别矩阵，结合矿产资源分布和勘查结果，根据各区划指标分级结果进行矿产资源综合区划，可将武汉市矿产资源划分为开发利用区、限制开采区、禁止开采区和其他区。将资源储量分级图、生态服务功能重要性分级图、开发利用条件分级图和工业化阶段分级图进行编码，并利用空间分析功能将其叠加，然后根据上述识别矩阵进行新图层不同地区的主导功能识别，最后绘制矿产资源综合区划图(图 3.28)。

开发利用区(可采区)：该区分布面积为 476.7km^2，占总面积的 5.6%。该区内矿产资源赋存条件较好，地形、交通设施等开发利用基础条件较好，生态约束小，社会发展需求大，可作为矿产资源重点开发利用区，进行规模开采和集约利用。在开发利用过程中，按照“环境优先、保障急需、科技先行、因地制宜、统筹规划、发挥优势、突出重点、规模开采、集约利用、协调发展”的总体思路，可加大资金和技术支持，实现资源规模化、集约化开发。

限制开发区(限采区)：该区分布面积为 692.78km^2，占总面积的 8.1%。限采区内矿产资源赋存条件较好，生态约束小，社会经济发展对矿产资源有相应的需求，但影响矿产资源开发利的地形、交通设施等基础条件较差，不宜进行矿产资源开发活动。可通过改善基础条件，使该区成为资源重点保障区。

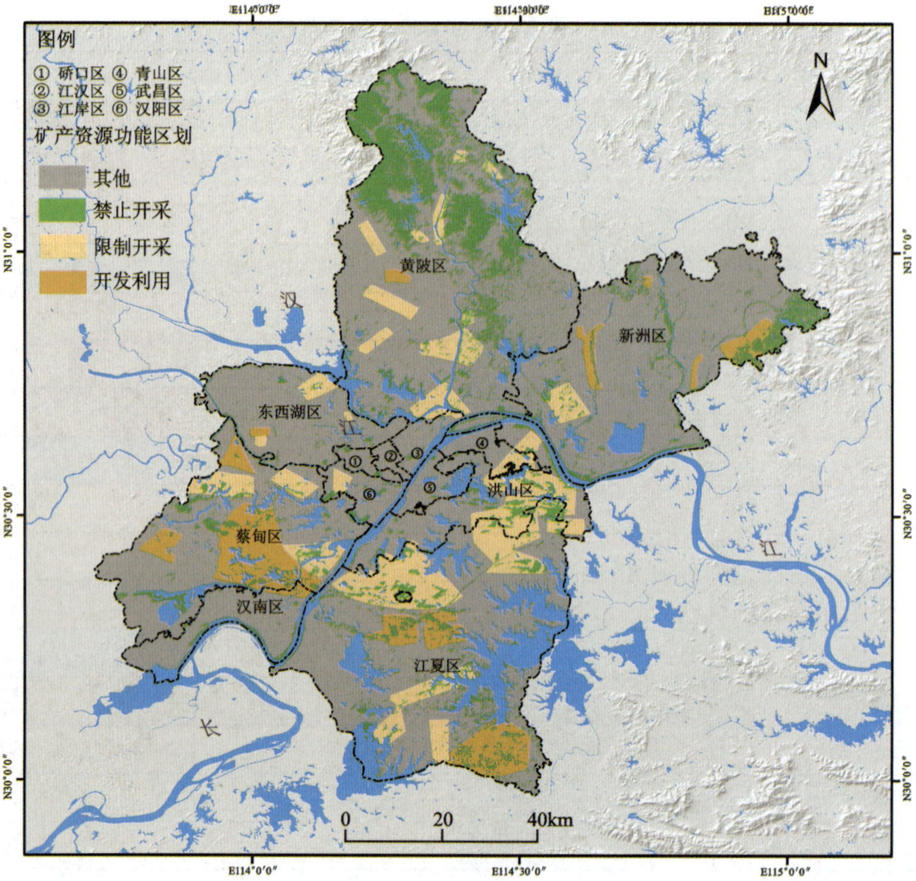

图 3.28 武汉市矿产资源综合区划图

3.4.4 地质遗迹资源功能区划

地质遗迹是在地球演化发展的漫长历史时期，受到构造、地震等内动力地质作用和辐射、风蚀等外动力地质共同作用之下，形成、发展并遗留下来的珍贵的、不可再生的地质自然遗产(刘彦明等，2006)。作为生态环境的重要组成部分，地质遗迹不仅具备美学欣赏功能或重要历史文化属性，也具有较高的科学研究价值(高媛，2007)。近年来，武汉市地质遗迹保护与地质公园建设工作取得了很多成就，但是对全区地质遗迹资源缺乏总体研究。为使地质遗迹得以最大程度的、长期有效的保护和合理利用，很有必要开展地质遗迹资源保护区划。区划结果可为武汉市地质遗迹保护工作的总体空间布局提供科学依据，也便于为未来地质公园、地质遗迹保护区等地质遗迹相关保护区域的申报建设、规划或组团式开发利用提供依据(郭建强等，2008)。

3.4.4.1 地质遗迹自然区划

地质构造是地质遗迹形成的最根本原因，地貌类型是地质遗迹最直接的外在表现(罗培，2010)。因此本书的地质遗迹自然区划分为两级：一级区划为地质遗迹分布区，主要根据地质构造单元、地貌单元与不同的岩石类型作为划分依据；二级区划为地质遗迹集中区，是在一级区划的地质遗迹分布范围内，根据地质遗迹聚集程度、类型、分布特征、组合关系、自然地理概况等作为划分依据，划定集中分布区。

首先，根据地质构造和地貌类型，武汉市可分为 4 个分布区：木兰山地质遗迹分布区（Ⅰ）、新洲地质遗迹分布区（Ⅱ）、武汉台地褶冲带地质遗迹分布区（Ⅲ）、梁子湖地质遗迹分布区（Ⅳ）。武汉市主要地质遗迹分布如表 3.30 所示。

表 3.30 武汉市主要地质遗迹分布表

主要地质遗迹	地质遗迹类型
武汉锅顶山兰多维列世鱼化石产地	古生物群化石产地
武汉美娘山晚泥盆世古鳞木化石产地	古植物化石产地
武汉两江汇流	河流（景观带）
武汉东湖	湖泊与潭
武汉地陷群遗迹	地面塌陷
武汉天兴洲	河流（景观带）
武汉蔡甸全新统走马岭组层型剖面	层型典型剖面
武汉沉湖湿地	湿地沼泽
武汉汤逊湖	湖泊与潭
黄陂木兰山蓝片岩剖面	变质岩剖面
黄陂木兰山变质岩地貌	变质岩地貌
武汉阳逻硅化木产地	古生物群化石产地
武汉涨渡湖湿地	湿地沼泽
武汉阳逻古地震遗址	地面变形
武汉斧头湖	湖泊与潭

1. 评价指标的选取

地质遗迹点评价主要考虑地质遗迹的自然属性和社会属性。参考国土资源部发布的《地质遗迹调查规范》（DZ/T 0303—2017）选取了科学性、稀有性、完整性、美学性、保存程度、可保护性等 6 项自然属性评价指标，各项评价指标的具体意义如表 3.31 所示。根据《地质遗迹调查规范》，基础地质大类、地质灾害大类的地质遗迹点科学价值和地貌景观类地质遗迹点的观赏价值分级标准见表 3.32。

表 3.31　武汉市地质遗迹评价指标意义

评价指标	指标内涵
科学性	评价地质遗迹对科学研究、地学教育、科学普及等方面的作用和意义
稀有性	评价地质遗迹的科学含义和观赏价值在国际、国内或省内的稀有程度和典型性
完整性	评价地质遗迹所揭示某一地质演化过程的完整程度
美学性	评价地质遗迹的优美性、视觉舒适性和冲击力
保存程度	评价地质遗迹点保护的完好程度
可保护性	评价影响地质遗迹保护的外界因素的可控制程度

表 3.32　武汉市不同类型地质遗迹科学性与观赏性指标分级标准

地质遗迹类别		分级标准			
		Ⅰ(世界级)	Ⅱ(国家级)	Ⅲ(省级)	Ⅳ(省级以下)
基础地质大类	地层剖面	具有全球性的地层界限层型剖面或界线点	具有全国对比性意义的典型标准剖面	具有区域性对比性意义的典型标准剖面	具有科普价值的地层区对比意义的剖面
	岩石剖面	全球罕见稀有的岩体、岩层露头,且具有重要科学研究价值	全国或大区内罕见岩体、岩层露头,具有重要科学研究价值	具有指示地质演化过程的岩石露头,具有科学研究价值	具有一般的指示地质演化过程的岩石露头,具有科学普及价值
	构造剖面	具有全球性构造意义的巨型构造、全球性造山带、不整合界面	在全国或大区域范围内区域(大型)构造,具重要科学研究意义的露头	在一定区域内具科学研究对比意义的典型中小型构造	具有科学普及的中小型构造
	重要化石产地	反映地球历史环境变化节点,对生物进化史及地质学发展具有重大科学意义;国内外罕见古生物化石产地或古人类化石产地	具有指准性标准化石产地;研究程度较高的化石产地	系列完整的古生物遗迹	古生物化石产地或露头,具有科普价值
	重要岩矿石产地	全球性稀有或罕见矿物产地;在国际上独一无二或罕见	在国内或大区域内特殊矿物产地;在规模、成因、类型上具有重要意义	典型、罕见或者工艺、观赏价值的矿石产地	具有一定科普和观赏价值的岩矿物产地

续表 3.32

地质遗迹类别		分级标准			
		Ⅰ(世界级)	Ⅱ(国家级)	Ⅲ(省级)	Ⅳ(省级以下)
地质灾害	其他地质灾害	罕见地质灾害且具有特殊科学意义的遗迹	重大地质灾害且具有科学意义的遗迹	典型的地质灾害所造成的遗迹且具有教学实习及科普教育意义的遗迹	有一定的观赏性,可以作为旅游开发和科普教育的一个组成部分的地貌景观
地貌景观类	岩土体地貌	极为罕见的特殊地貌类型,在反应地质作用过程具有重要科学价值	具有观赏价值的地貌类型,且具有科学研究价值	稍具观赏性的地貌类型,可作为过去地质作用的证据	有一定的观赏性,可以作为旅游开发和科普教育的一个组成部分的地貌景观
	构造地貌	地貌类型保存完整且明显,具有一定规律,其地质意义在全球具有代表性	地貌类型保存较完整,具有一定规律,其地质意义在全国具有代表性	地貌类型保存较多,在一定区域内具有代表性	有一定的观赏性,可以作为旅游开发和科普教育的一个组成部分的构造地貌景观
	水体地貌	地貌类型保存完整且明显,具有一定规律,其地质意义在全球具有代表性	地貌类型保存较完整,具有一定规律,其地质意义在全国具有代表性	地貌类型保存较多,在一定区域内具有代表性	有一定的观赏性,可以作为旅游开发和科普教育的一个组成部分的水体地貌景观

2. 评价方法

本书的地质遗迹资源评价方法分为两种:单因素评价与综合评价。单因素评价指将各地质遗迹按照《地质遗迹调查规范》(DZ/T 0303—2017)的评价标准对比分析后,初步确定其等级。综合评价是指将初步评价为国家级和世界级的地质遗迹与国内外同类、级别类同的地质遗迹进行对比分析,最终确定其等级。

3. 评价结果

首先,基于武汉市地质遗迹资源调查结果,根据评价指标的分级标准,对武汉市地质遗迹集中区内的 15 处地质遗迹的科学性、稀有性、完整性、美学性、保存程度、可保护性等 6 项指标进行分级与赋值。其次,根据各评价指标属性值和权重值,利用综合指数模型计算各个地质遗迹点的综合评价值,然后参考《地质遗迹调查规范》(DZ/T 0303—2017),将地质遗迹的价值性分为 4 个不同的等级,分别为世界级(Ⅰ级)、国家级(Ⅱ级)、省级(Ⅲ级)、省级以下(Ⅳ级),具体分级标准及意义如表 3.33 所示。武汉市各地质遗迹集中区的地质遗迹评价结果如表 3.34 所示。从表 3.34 可以看出:武汉市地质遗迹集中区内的 15 处地质遗迹点中有国家级6处,省级6处,省级以下有3处。

表3.33　武汉市地质遗迹资源综合分级标准及意义

综合分值	级别	分级意义
100～85	Ⅰ(世界级)	地质遗迹价值极为突出,具有全球性的意义,可列入世界级地质遗迹
85～70	Ⅱ(国家级)	地质遗迹价值突出,具有全国性或区域性(跨省区)意义,可列入国家级地质遗迹
70～55	Ⅲ(省级)	地质遗迹价值比较突出,具有省区域性意义,可列入省级地质遗迹
<55	Ⅳ(省级以下)	地质遗迹价值一般,具有市县区域性意义,可列入县级地质遗迹

表3.34　武汉市各地质遗迹集中区地质遗迹评价结果　　单位:处

地质遗迹集中区	Ⅰ(世界级)	Ⅱ(国家级)	Ⅲ(省级)	Ⅳ(省级以下)	合计
木兰山地质遗迹分布区(Ⅰ)	0	2	0	0	2
新洲地质遗迹分布区(Ⅱ)	0	1	2	0	3
武汉台地褶冲带地质遗迹分布区(Ⅲ)	0	2	4	3	9
梁子湖地质遗迹分布区(Ⅳ)	0	1	0	0	1
合计	0	6	6	3	15

3.4.4.2　地质遗迹资源保护区划

1. 区划模型

以地质遗迹集中区为区划单元,以地质遗迹点评价结果为基础,通过采用区划模型进行综合评价,区划模型的计算公式如下:

$$Z = \sum_{j=1}^{m} \frac{X_j}{m} \tag{3.12}$$

式中:Z为各评价单元的综合评价值;m为该评价单元内有m个地质遗迹点;X_j为该区划单元内第m个地质遗迹点的评价值。

2. 区划结果与分析

基于地质遗迹点评价结果,运用上述区划模型计算出地质遗迹集中区内所有地质遗迹的综合评价值,并进行综合评价值等级划分。等级划分参考相关研究成果(李丙霞,2015),根据区划分级标准将地质遗迹集中区划分为地质遗迹特殊保护区、重点保护区、一般保护区和其他区,并绘制武汉市地质遗迹保护区划图。首先,将地质构造图、地貌类型图和地质遗迹点分布图叠加,利用图形处理功能绘制武汉市地质遗迹自然区划图,在此基础上,根据评价结果,利用图形处理功能绘制武汉市地质遗迹资源保护区划图,见图3.29。武汉市共划定地质遗迹特殊保护区4个、重点保护区3个、一般保护区2个。木兰山地质遗迹分布区(Ⅰ):该区内有

2 处国家级地质遗迹，对于国家级的地质遗迹点可以进行深入研究，建立地质遗迹自然保护区或地质遗迹保护点，重点在于保护地质遗迹，发挥其科学研究、科学普及等价值。武汉台地褶冲带地质遗迹分布区（Ⅲ）：该区内地质遗迹分布较多，国家级 2 处，省级 4 处，省级以下 3 处，其中水体类遗迹偏多，可根据相关政策与标准进行开发与保护，做到旅游价值与生态价值的和谐利用。

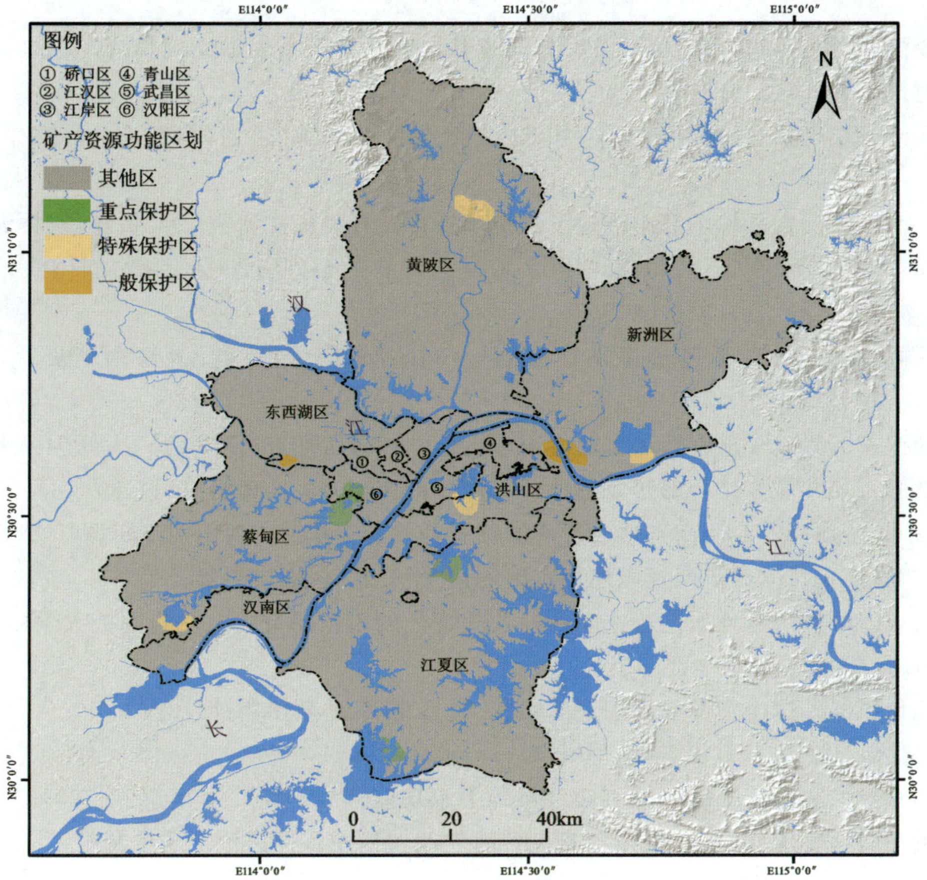

图 3.29　武汉市地质遗迹资源保护区划图

本章参考文献

陈东立，余新晓，廖邦洪，2005. 中国森林生态系统水源涵养功能分析[J]. 世界林业研究，18(1)：49-54.

陈雯，段学军，陈江龙，等，2004. 空间开发功能区划的方法[J]. 地理学报(S1)：53-58.

傅伯杰，陈利顶，马克明，等，2001. 景观生态学原理及应用[M]. 北京：科学出版社.

高媛，2007. 国家地质公园评价与保护研究[D]. 西安：长安大学.

郭建强，游再平，赵友年，2008. 四川地质遗迹区划研究[J]. 四川地质学报，28(4)：327-330.

郭占荣,刘花台,2005.西北内陆盆地天然植被的地下水生态埋深[J].干旱区资源与环境(3):157-161.

侯华丽,2015.我国主要固体矿产资源开发功能区划研究[D].北京:中国地质大学(北京).

胡春雷,肖玲,2004.生态位理论与方法在城市研究中的应用[J].地域研究与开发(2):13-16.

华梦丽,刘艳芳,崔家兴,等,2018.湖北省县域交通和经济发展空间格局与耦合[J].测绘与空间地理信息,41(3):23-27.

贾良清,欧阳志云,赵同谦,等,2005.安徽省生态功能区划研究[J].生态学报(2):254-260.

姜兴明,2017.吉林省东部山区地下水资源评价及开发模式研究[D].长春:吉林大学.

金凤君,王成金,李秀伟,2008.中国区域交通优势的甄别方法及应用分析[J].地理学报(8):787-798.

李丙霞,2015.地质遗迹资源保护区划——以黔东南为例[J].上海国土资源,36(1):58-60.

林国锦,2015.基于适宜性评价的汾阳市土地利用分区研究[D].太原:太原理工大学.

刘贵利,2000.城乡结合部建设用地适宜性评价初探[J].地理研究(1):80-85.

刘彦明,裴放,2006.河南省地质遗迹的调查开发与保护[J].河南国土资源(5):43.

鹿心社,汪民,2006.矿产资源规划实施评估[M].北京:地质出版社.

罗培,2010.四川省地质遗迹空间区划及其特征的定量研究[J].西华师范大学学报(自然科学版),31(4):414-421+428.

孟旭化,2009.国土资源规划理论与实践[M].北京:地质出版社.

乔光建,2009.地下水功能区划分研究[J].水文,29(4):90-93+70.

谈梦月,2013.基于GIS的晋江市浅层地下水功能区划研究[D].南京:南京师范大学.

武强,陈萍,董东林,等,2001.基于GIS的农业土地适宜性评价系统研制技术[J].中国矿业大学学报(4):59-63.

肖燚,陈圣宾,张路,等,2011.基于生态系统服务的海南岛自然保护区体系规划[J].生态学报,31(24):7357-7369.

徐贵来,2016.武汉市覆盖层-岩溶地面塌陷形成机理与危险性评价[D].武汉:中国地质大学(武汉).

杨博,2016.甘肃省矿产资源综合区划研究[D].武汉:中国地质大学(武汉).

尹海伟,徐建刚,陈昌勇,等,2006.基于GIS的吴江东部地区生态敏感性分析[J].地理科学(1):64-69.

张人权,2003.地下水资源特性及其合理开发利用[J].水文地质工程地质(6):1-5.

中华人民共和国国家质量监督检验检疫总局,中国国家标准化管理委员会,2017.GB/T 14848—2017:地下水质量标准[S].北京:中国标准出版社.

朱传耿,仇方道,马晓冬,等,2007.地域主体功能区划理论与方法的初步研究[J].地理科学(2):136-141.

朱怡娟,黄建武,揭毅,2015.武汉城市圈水资源脆弱性评价[J].水资源保护,31(2):59-64+94.

ROSETA-PALMA C, 2003. Joint quantity/quality Management of Groundwater[J]. Environmental and Resource Economics,26(1):89-106.

SAATY T L,1980. The analytic hierarchy process: planning, priority setting, resource allocation[M]. New York: McGraw-Hill.

SAATY T L, 1986. Axiomatic foundation of the analytic hierarchy process [J]. Management Science,32(7):841-855.

SAATY T L, 2008. Decision making with the analytic hierarchy process [J]. International Journal of Services Sciences,1(1):83-98.

第4章 国土空间资源环境承载能力测算与状态分析

4.1 概 述

本着人与自然生命共同体的理念，国土空间规划的思维着眼点应该将人地关系作为整体进行分析：①通过人对资源需求规律测算资源开发规模与结构；②通过人口测算城乡发展的用地规模与结构，以及各类基础设施和公共服务的发展建设规模与结构；③通过人的生产生活消耗测算环境的影响；④通过人的地域流动把脉城镇或城市功能的网络结构。国土空间资源环境承载能力评价就是具体研究人地关系的，其评价成果是国土空间规划的基本依据。

4.2 土地资源承载能力测算与状态分析

4.2.1 概述

土地资源承载能力是指在一定时期和空间范围内，土地资源所能承载的人类各种活动规模和强度的极限(高志强等,2007)。从土地资源为人类提供服务能力出发，土地资源是人类耕地保障、经济建设、生活空间、生态空间的载体。因此，土地资源承载能力另一方面也就是耕地、建设用地、居住用地、生态用地的适宜面积。土地资源总量是固定的，每一类用地面积的增减必然影响其他类型用地的面积，从而降低土地资源提供其他服务的能力。

4.2.2 测算与分析方法

土地资源承载能力测算主要是通过生态功能区划、农业用地、建设用地适宜性评价进行土地利用区划，并根据区划所得的生态用地、农业用地及建设用地面积计算相应的人口承载能力。第一步，进行生态系统服务功能重要性评价，以此为根据进行生态功能分区，得到生态功能重要区、生态功能一般区以及其他地区；第二步，进行农业用地地质环境适宜性评价，根据评价结果确定农业用地适宜性分区；第三步，进行建设用地地质环境适宜性评价与区划，根据评价结果确定建设用地范围，结合当地实际土地利用现状和已有的规划文件，合理区划各类建设用地范围；第四步，根据生态功能区划和农业、建设用地的适宜性评价结果，按照生态→农业→建设的优先原则完成土地利用一级区划；第五步，在一级区划的基础上进行土地利用二级区划，对建设用地类型进行进一步划分；最后，根据土地利用区划结果，计算农业、建设、生态三类用地的人口承载能力以及综合土地承载能力。具体思路图如图 4.1 所示。

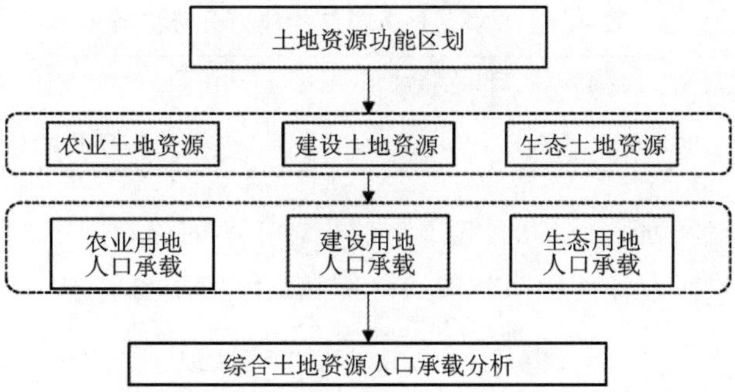

图 4.1　土地资源承载能力测算与状态分析技术路线图

4.2.3　测算过程

4.2.3.1　土地资源功能区划

本节土地资源功能区划参考第 3 章。

4.2.3.2　农业用地人口承载能力

农业用地承载能力主要考虑耕地的保障功能，即区域粮食生产对人口的承载能力。基于粮食生产的农业用地人口承载能力是在一定的耕地生产能力和消费水平下进行估算的。

理论上基于粮食生产的农业用地人口承载能力的计算公式为：

$$P_n = G_n / C_n \tag{4.1}$$

式中：P_n为农业用地人口承载能力；G_n为地区粮食总产量；C_n为人均粮食消费量。

为了最大限度地估算耕地资源的人口承载能力，取 350 kg（温饱型）作为人均粮食消费量标准。

地区粮食总产量计算公式为：

$$G_n = s \times g \times t \tag{4.2}$$

式中：G_n为地区粮食总产量；s 为地区耕地面积；g 为粮食作物播种单产；t 为粮食作物复种指数。由统计资料查得 2016 年武汉市粮食单产为 5916kg/hm^2；由《武汉统计年鉴（2015）》查得武汉市农作物复种指数为 1.93，复种指数较低，还有很大的提升空间。

农业用地人口承载能力指数（$LCCI_n$）反映区域土地、粮食与人口之间的关系。计算公式为：

$$LCCI_n = P_a / LCC_n \tag{4.3}$$

式中：$LCCI_n$为农业用地人口承载能力指数；LCC_n为农业用地人口承载能力；P_a 为现状人口数。

最后，基于农业用地承载能力指数（$LCCI_n$），以区为基本单元，将武汉市划农业用地人口承载能力分为严重超载区、超载区、承载适宜区、承载盈余区四种不同承载级别，分级标准见表 4.1 所示。

表 4.1　农业用地人口承载能力分级标准

$LCCI_n$	0～0.8	0.8～1.2	1.2～2	>2
承载能力级别	承载盈余区	承载适宜区	超载区	严重超载区

基于上述土地利用区划结果，根据武汉市的统计年鉴的资料，通过利用上述评价方法，得到武汉市农业用地承载能力各评价指标的实际值和最终的承载能力结果，见表 4.2。

表 4.2　农业用地人口承载能力

地区	农业用地面积/km^2	粮食总产量/$\times 10^8$ kg	现状人口/万人	可承载人口/万人	$LCCI_n$	承载能力状态
江岸区	19.85	0.117	95.43	3.36	28.44	严重超载
江汉区	0.75	0.004	72.64	0.13	572.99	严重超载
硚口区	14.78	0.087	86.49	2.50	34.62	严重超载
汉阳区	70.20	0.415	63.92	11.87	5.38	严重超载
武昌区	11.49	0.068	126.80	1.94	65.28	严重超载
青山区	27.07	0.160	52.35	4.58	11.44	严重超载
洪山区	506.45	2.996	156.51	85.60	1.82	超载
东西湖区	465.17	2.752	52.70	78.63	0.67	承载盈余
汉南区	268.83	1.590	12.10	45.44	0.26	承载盈余
蔡甸区	939.48	5.558	70.35	158.80	0.44	承载盈余
江夏区	1 844.97	10.915	87.70	311.85	0.28	承载盈余
黄陂区	954.93	5.649	94.51	161.41	0.58	承载盈余
新洲区	1 265.45	6.895	88.27	196.99	0.44	承载盈余
总计	6 389.42	37.206	1 059.77	1 063.10	0.99	承载适宜

从评价结果来看，武汉市农业用地人口承载能力总体处在承载适宜状态，但在分区层面则有不同：主城区除洪山区处于超载状态，其他都为严重超载状态，剩余远城区均为承载盈余状态。这是由于主城区耕地少、粮食产量低、人口基数大，从而呈现严重超载的状态；洪山区农业用地分布较其他主城区略大，农业用地人口承载能力处于超载状态；远城区农业用地面积大，粮食总产量高，农业用地人口承载能力都处于承载盈余状态。

4.2.3.3　建设用地人口承载能力

建设用地人口承载能力指的是在保证社会经济发展需求和城市基础设施满足的条件下，建设用地所能承载的人口规模界限，而人均建设用地面积可以在一定程度上反映社会经济的发展情况。因此，建设用地人口承载能力可通过计算建设用地空间与人均建设用地空间标准的比值得到，计算公式为：

$$P_j = G_j / C_j \tag{4.4}$$

式中：P_j为建设用地人口承载能力；G_j为地区建设用地面积；C_j为人均建设用地面积。人均建设用地面积以武汉市 2020 年规划 91.1m²/人为标准来估算武汉市建设用地的人口承载能力水平。

与农业用地人口承载能力类似，建设用地人口承载能力指数（$LCCI_j$）反映区域土地建设与人口之间的关系。计算公式为：

$$LCCI_j = P_a / P_j \tag{4.5}$$

式中：$LCCI_j$为建设用地人口承载能力指数；P_a为现状人口数。

基于建设用地承载指数（$LCCI_j$），以行政区为基本单元，将武汉市不同地区划分为严重超载区、超载区、承载适宜区、承载盈余区四种不同的类型区，分区标准见表 4.3。

表 4.3　基于的建设用地承载能力分级标准

$LCCI_j$	0～0.8	0.8～1.2	1.2～2	>2
承载能力级别	承载盈余区	承载适宜区	超载区	严重超载区

根据从武汉市统计年鉴等方面收集的资料，基于土地利用区划结果，运用上述的评价方法进行建设用地承载能力评价，具体评价结果见表 4.4。

表 4.4　建设用地人口承载能力评价结果

地区	建设用地面积/km²	现状人口/万人	可承载人口/万人	$LCCI_j$	承载能力状态
江岸区	53.46	95.43	58.68	1.63	超载
江汉区	23.43	72.64	25.72	2.82	严重超载
硚口区	18.62	86.49	20.43	4.23	严重超载
汉阳区	23.33	63.92	25.61	2.50	严重超载
武昌区	40.49	126.80	44.44	2.85	严重超载
青山区	24.38	52.35	26.76	1.96	超载
洪山区	40.54	156.51	44.50	3.52	严重超载
东西湖区	12.26	52.70	13.46	3.92	严重超载
汉南区	11.07	12.10	12.15	1.00	承载适宜
蔡甸区	62.18	70.35	68.25	1.03	承载适宜
江夏区	83.09	87.70	91.21	0.96	承载适宜
黄陂区	834.42	94.51	915.94	0.10	承载盈余
新洲区	162.23	88.27	178.08	0.50	承载盈余
总计	1 389.5	1 059.77	1 525.23	0.70	承载盈余

由评价结果来看，武汉市城市建设规模大，建设用地承载人口多，处于承载盈余状态，但不同分区具体承载状态差异很大。主城区人口密集，即使建设用地所占比重大，依然不能满足现状人口，普遍处于超载或严重超载状态；东西湖区土地更适宜农业用地或生态用地，建设用地少不能承载现状人口，处于严重超载状态；汉南区、蔡甸区和江夏区处于承载适宜状态；黄陂区与新洲区则拥有大面积建设用地，建设用地承载人口存在盈余。

4.2.3.4 生态用地人口承载能力

生态用地人口承载能力是指生态系统在保证自我维持、自我调节并提供供容能力的前提及可以维持一定生活水平的人口数量。

本研究中以生态用地面积与人均生态用地面积之比作为生态用地人口承载能力指标，计算公式为：

$$P_s = G_s / C_s \tag{4.6}$$

式中：P_s为生态用地人口承载能力；G_s为地区生态用地面积；C_s为人均生态用地面积，取武汉市 2020 年规划的 16.8m^2/人为计算标准。

生态用地人口承载能力指数（$LCCI_s$）是指区域人口规模（或人口密度）与生态用地人口承载能力的比值，反映了地区生态资源与人口的关系。计算公式为：

$$LCCI_s = P_a / P_s \tag{4.7}$$

式中：$LCCI_s$为生态用地人口承载能力指数；P_a 为现状人口数。

根据生态用地人口承载能力指数反映地区生态资源与人口的关系，以武汉市行政区为基本单位，将武汉市不同地区生态用地人口承载能力状态分为生态环境盈余区、适宜区、生态环境超载区和严重超载区四个类型。等级标准见表 4.5。

表 4.5 生态资源承载能力分级

$LCCI_s$	0～0.8	0.8～1.2	1.2～2	>2
承载能力级别	承载盈余区	承载适宜区	超载区	严重超载区

如果理论人口与实际人口相等，则说明生态资源达到了适度状态；如果理论人口大于实际人口，说明生态环境尚有盈余可以增加建设用地；如果理论人口小于实际人口，说明生态环境利用超出适宜量，出现了生态环境赤字。

武汉市生态用地人口承载能力评价的各项指标数据主要来自武汉市统计年鉴（2015 年），基于土地利用区划结果，根据式（4.7），生态用地人口承载能力的具体计算结果见表 4.6。

武汉市生态用地人口承载能力总体呈承载盈余状态。主城区除汉阳区和洪山区外呈现严重超载或超载状态，是因为这些区作为主城区发展历史久远，规划不尽合理，居住用地、建设用地过大导致生态用地少，人口密集，所以更加需要注重生态用地的合理安排，为人类活动提供完备的生态服务。洪山区处于承载适宜状态，其他地区都是处于承载盈余状态，这些区域拥有较为丰富的生态资源，应注意合理规划用地类型，保护现有林地资源。

表 4.6　生态用地人口承载能力

地区	生态用地面积/km^2	现状人口/万人	可承载人口/万人	$LCCI_s$	承载状态
江岸区	6.97	95.43	41.48	2.30	严重超载
江汉区	4.11	72.64	24.46	2.97	严重超载
硚口区	6.66	86.49	39.64	2.18	严重超载
汉阳区	18.01	63.92	107.20	0.60	承载盈余
武昌区	12.60	126.80	75.00	1.69	超载
青山区	5.67	52.35	33.75	1.55	超载
洪山区	26.29	156.51	156.49	1.00	承载适宜
东西湖区	17.91	52.70	106.61	0.49	承载盈余
汉南区	7.15	12.10	42.56	0.28	承载盈余
蔡甸区	91.51	70.35	544.70	0.13	承载盈余
江夏区	90.25	87.70	537.20	0.16	承载盈余
黄陂区	467.35	94.51	2 781.98	0.03	承载盈余
新洲区	135.75	88.27	808.03	0.11	承载盈余
总计	890.23	1 059.77	5 299.10	0.20	承载盈余

4.2.3.5　土地资源综合承载能力

土地资源综合承载能力评价基于短板理论，基于农业用地、建设用地以及生态用地人口承载能力评价的结果，认为某一区域所能承载的人口数量是由三种用地类型中所承载的人口数量最少的用地类型决定的。根据人口承载潜力的计算结果，可以评价地区土地资源承载能力所处的承载等级。定义现状人口数量与综合人口承载的比值为承载指数，用来表示土地综合承载能力的状态（表 4.7）。

表 4.7　土地资源综合人口承载能力评价表

地区	现状人口/万人	人口承载能力/万人			综合人口承载能力/万人	综合人口承载指数	承载状态
		农业用地	建设用地	生态用地			
江岸区	95.43	3.36	58.68	41.48	3.36	28.40	超载
江汉区	72.64	0.13	25.72	24.46	0.13	558.77	超载
硚口区	86.49	2.50	20.43	39.64	2.50	34.60	超载
汉阳区	63.92	11.87	25.61	107.20	11.87	5.39	超载
武昌区	126.80	1.94	44.44	75.00	1.94	65.36	超载
青山区	52.35	4.58	26.76	33.75	4.58	11.43	超载
洪山区	156.51	85.60	44.50	156.49	44.5	3.52	超载
东西湖区	52.70	78.63	13.46	106.61	13.46	3.92	超载

续表 4.7

地区	现状人口/万人	人口承载能力/万人			综合人口承载能力/万人	综合人口承载指数	承载状态
		农业用地	建设用地	生态用地			
汉南区	12.10	45.44	12.15	42.56	12.15	1.00	临界超载
蔡甸区	70.35	158.80	68.25	544.70	68.25	1.03	临界超载
江夏区	87.70	311.85	91.21	537.20	91.21	0.96	临界超载
黄陂区	94.51	161.41	915.94	2781.98	161.41	0.59	不超载
新洲区	88.27	196.99	178.08	808.03	178.08	0.50	不超载
全区	1 059.77	1 063.10	1 525.23	5 299.10	1 525.23	1.00	临界超载

对武汉市土地资源综合人口承载指数等级划分标准（表 4.8），依照等级划分对武汉市土地资源人口承载能力进行分区，结果见图 4.2。

表 4.8 武汉市土地资源综合人口承载能力评价等级划分标准

综合人口承载能力指数	≤0.8	0.8～1.2	>1.2
评价等级	不超载	临界超载	超载

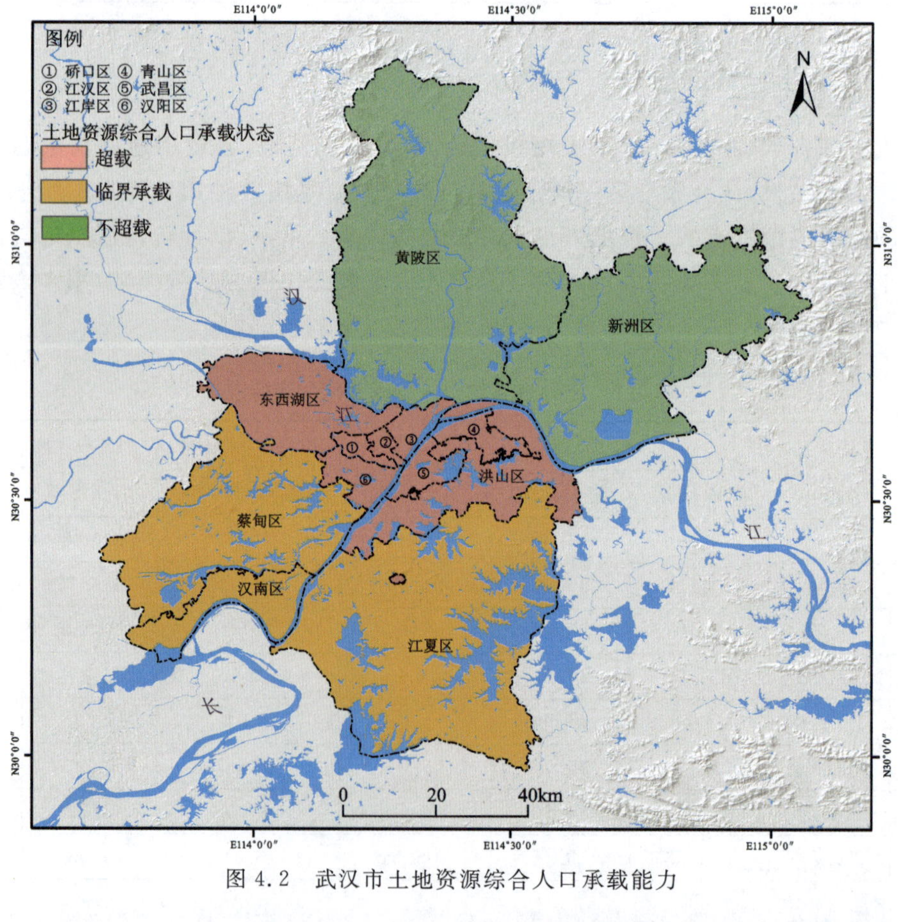

图 4.2 武汉市土地资源综合人口承载能力

结果显示，武汉市土地资源承载能力普遍呈现临界超载状态，土地综合允许承载 1 063.08 万人，而现状人口为 1 060.77 万人，近似相同，但并不代表武汉市各分区都处于临界超载状态。土地资源综合人口超载区主要分布在主城区（洪山区）和东西湖区，这些区域建设开发程度大，建设用地面积大，也导致了其他用地的小，尤其是农业用地的面积最小，这种土地资源的不均衡分配导致该区农业用地承载人口远小于现状人口。东西湖区处在超载的状态是由于该区适宜农业用地的建设，导致建设用地面积减少，不能承载现状人口而处于超载状态。由于三种用地之间相互影响，在对超载区进行规划建设时应同时考虑三种用地分配，做到充分合理利用。蔡甸区、汉南区和江夏区处于临界超载状态，对这些区域的开发要注重不能破坏用地平衡分配。黄陂区和新洲区各类用地承载能力盈余很多，适宜于各类用地开发建设。

4.3　水资源承载能力测算与状态分析

4.3.1　概述

水资源承载能力是某一地区的水资源在某一具体历史发展阶段下，以可预见的技术、经济和社会发展水平为依据，以可持续发展为原则，以维护生态环境良性循环发展为条件，对该地区社会经济发展的最大支撑能力。由于社会经济发展的最终目标是为了满足人类的物质文化生活需求，水资源最终的承载对象是人口，所以本研究水资源承载能力是指在当前水资源条件下，可满足一定生活福利标准的最大人口规模。

4.3.2　测算与分析方法

武汉市水资源量由地表水资源量与地下水资源量组成，按照水资源的时空转化关系，主要从地表水与地下水两个方面进行分析。搜集武汉市地表水与地下水资料，然后计算地表水与地下水的可利用量，两者相加并减去之间相互转换的重复计算量得到武汉市水资源可利用量，最后通过武汉市水资源可利用量计算水资源承载能力，与现状人口对比，得到武汉市水资源承载状态。具体评价思路见图 4.3。

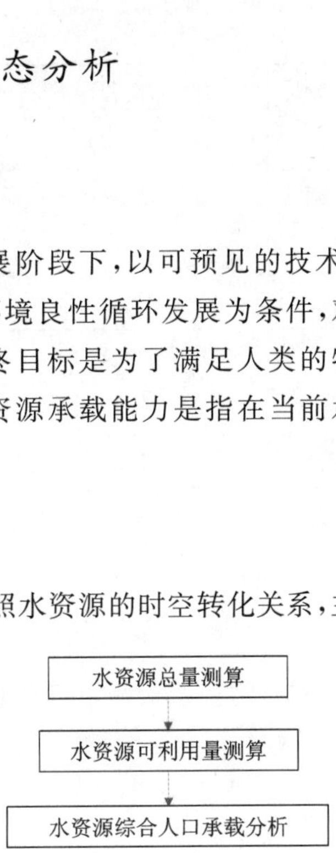

图 4.3　水资源承载能力测算与状态分析技术路线图

4.3.3　测算过程

4.3.3.1　水资源总量

水资源总量评价以行政区划为评价单元，总共分为 7 个区。根据目前我国水资源评价工作的实际情况，地表水资源和地下水资源是分别进行评价的，在计算水资源总量时，应扣除它们互相转化的重复水量。计算公式为：

$$W=R+P_r-R_g \tag{4.7}$$

或

$$W = R + Q_{\text{不重复}} \tag{4.8}$$

式中：W 为水资源总量（亿 m^3）；R 为地表水资源量（亿 m^3）；P_r为地下水资源量（亿 m^3）；R_g 为地表水与地下水互相转化的重复计算水量（亿 m^3）；$Q_{\text{不重复}}$ 为地下水与地表水不重复计算水量（亿 m^3）。

武汉市地表水资源量由前述资料中行政分区面积乘以产水模数得到。对武汉市地表水与地下水的重复量的考虑，从长期整体角度而言，武汉市地下水补给以垂向下渗补给为主，由于含水层被长江、汉江等大河流切穿，江河成为地下水的天然排泄区（文高远，2008）。武汉市地表水与地下水的重复量，近似视为地表水补给地下水的量。由收集的武汉市水文资料和水资源调查资料，运用公式计算得到武汉市水资源量，如表 4.9 所示。

表 4.9　武汉市水资源量表

行政分区	地表水水资源量/$10^8 m^3$	地下水水资源量/$10^8 m^3$	重复计算量/$10^8 m^3$	水资源总量/$10^8 m^3$
主城区	5.72	1.20	1.68	5.24
东西湖区	2.96	0.62	0.86	2.72
江夏区	13.03	2.54	2.43	13.14
黄陂区	12.39	2.84	2.04	13.19
新洲区	8.62	1.84	1.37	9.09
蔡甸区	6.65	1.37	1.87	6.15
汉南区	1.69	0.36	0.65	1.4
全市	51.07	10.77	10.9	50.94

4.3.3.2　地表水资源可利用量

根据《地表水资源可利用量计算补充技术细则（试行）》，地表水资源可利用量采用倒算法进行计算。

该方法是采用多年平均地表水资源量减去生态环境需水量和汛期难于控制利用的洪水量，得出多年平均情况下的地表水资源可利用量。由于武汉市各河流汛期水量较大，河道内的生态环境需水量能在汛期得到满足，所以仅考虑非汛期河道内的生态环境需水量。计算公式为：

$$W_{\text{地表}} = W - W_{\text{生态}} - W_{\text{洪}} \tag{4.9}$$

式中：$W_{\text{地表}}$ 为地表水资源可利用量（亿 m^3）；W 为多年平均地表水资源量（亿 m^3）；$W_{\text{生态}}$ 为非汛期河道内生态环境需水量（亿 m^3）；$W_{\text{洪}}$ 为汛期难于控制利用的洪水量（亿 m^3）。

4.3.3.3　地下水资源可利用量

将地下水可开采量作为地下水资源可利用量。根据《武汉市志 第一卷 总类城市建设》，得到武汉市地下水可开采量，全市地下水可开采量总量为 4.575 2 亿 m^3，具体各分区的地下水可开采量见表 4.10。

表 4.10 武汉市水资源可利用总量

行政分区	生态环境需水量/$10^8 m^3$	地表水可利用量/$10^8 m^3$	地下水可开采量/$10^8 m^3$	重复计算量/$10^8 m^3$	水资源可利用总量/$10^8 m^3$
主城区	0.153 5	4.736 9	0.903 7	1.68	3.960 6
东西湖区	0.005 5	2.525 7	0.431 6	0.86	2.097 3
江夏区	0.006 6	10.65 1	0.702 4	2.43	8.923 4
黄陂区	0.005 5	11.142 6	0.437 8	2.04	9.540 4
新洲区	0.006 1	7.618 4	0.736 9	1.37	6.985 3
蔡甸区	0.002 6	5.463 2	0.786 7	1.87	4.379 9
汉南区	0.000 8	1.512 0	0.576 1	0.65	1.438 1
全市	0.180 6	43.648 9	4.5752	10.90	37.324 1

4.3.3.4 水资源可利用总量

水资源可利用量主要包括地表水资源可利用量和地下水资源可利用量两部分，在估算时，应扣除它们互相转化的重复计算水量。计算公式为：

$$W_{总}=W_{地表}+W_{地下}-W_{重复} \tag{4.10}$$

式中：$W_{总}$为水资源可利用总量（亿 m^3）；$W_{地表}$为地下水可利用量（亿 m^3）；$W_{地下}$为地下水资源可利用量（亿 m^3）；$W_{重复}$为地表水与地下水互相转化的重复计算水量（亿 m^3）；

根据地表水资源可利用量以及地下水资源可利用量的计算结果，得到武汉市各区的水资源可利用总量（表 4.10）。由于武汉市水系分布广泛，地下水资源丰富，用水几乎全由地表水提供，因此此处 $W_{重复}$同上述 R_g。

4.3.3.5 水资源承载能力评价

水资源承载能力是指某地区某一时期，基于该区域社会经济发展水平、区域水资源赋存状态以及区域水资源开发利用能力，可利用水资源总量可支撑的最大人口规模，即可利用水资源的人口承载能力，采用某一地区的可利用水资源总量与人均用水标准的比值来反映。

理论水资源人口承载能力计算公式为：

$$B_w=V_w \div C_w \tag{4.11}$$

式中：B_w为理论水资源人口承载能力（人）；V_w为水资源可利用量（m^3/a）；C_w为人均水资源量临界值（m^3/人），根据《武汉市水资源公报（2015）》，采用水资源人均年占有量 316m^3/人作为人均水资源承载能力的临界标准。

根据地区水资源人口承载能力与实际人口现状进行之间的对比，即可得到在当前水资源条件水资源的人口承载潜力，计算公式为：

$$P_{潜}=B_w-P_r \tag{4.12}$$

式中：$P_{潜}$为水资源人口承载潜力；P_r为实际人口数。

水资源承载状态的评价还可以通过人口承载能力与实际人口现状之比来反映，即水资源人口承载能力指数，计算公式为：

$$I=P_r/B_v \tag{4.13}$$

式中：I 为理论水资源人口承载能力指数。

4.3.3.6 评价结果

基于上述各项水资源总量以及水资源可利用量的相关计算数据，利用水资源承载能力评价计算方法，得到武汉市各行政分区的人口承载能力。在此基础上，运用式(4.13)，并根据水资源人口承载能力指数(I)评价各个区的水资源人口承载状态，分级标准见表 4.11，评价结果见表 4.12，相应地，武汉市被分为水资源不超载区、临界超载区和超载区(图 4.4)。

表 4.11 水资源人口承载能力指数分级表

承载能力指数	≤0.9	0.9～1.1	>1.1
评价等级	不超载	临界超载	超载

表 4.12 武汉市理论水资源承载能力评价结果

行政分区	水资源可利用量/10^8 m^3	水资源人口承载能力/万人	实际人口/万人	人口承载潜力/万人	人口承载指数	承载状态
主城区	3.960 6	125.34	655.14	−529.81	5.23	超载
东西湖区	2.097 3	66.37	52.70	13.67	0.79	不超载
江夏区	8.923 4	282.39	87.70	19.69	0.31	不超载
黄陂区	9.540 4	301.91	94.51	207.40	0.31	不超载
新洲区	6.985 3	221.05	88.27	132.78	0.40	不超载
蔡甸区	4.379 9	138.60	70.35	68.25	0.51	不超载
汉南区	1.438 1	45.51	12.10	33.41	0.27	不超载
全市	37.324 1	1 188.17	1 060.77	120.40	0.90	不超载

从评价结果可以看出，在当前的水资源开发利用条件下，武汉市水资源人口承载能力整体较高，全市水资源人口潜力约 349.45 万人。主城区处于超载状态，已超载约 503.65 万人。其他地区均处于不超载的状态，有较大人口潜力。主城区出现水资源人口超载的情况，主要由于主城区人口密度大，用水需求大，需注意节约用水，调整用水结构，从其他地区进行调水来缓解该地区的用水问题；其他地区均是承载盈余的状态，可抽调水资源用于主城区。

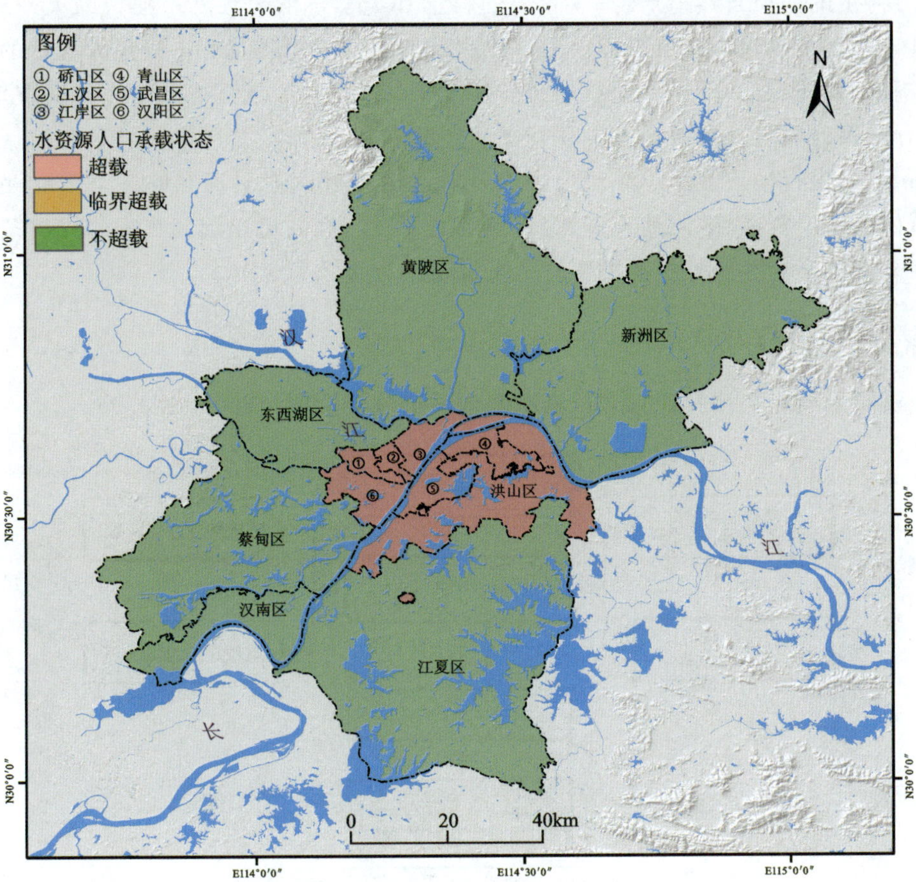

图 4.4　武汉市水资源人口承载能力分区图

4.4　地质资源承载能力测算与状态分析

4.4.1　概述

地质资源承载能力主要分为矿产资源承载能力和地质遗迹资源承载能力。

矿产资源承载能力，是从土地、水等自然资源的承载能力研究中扩展出来的。从资源制约的角度来看，我们认为，矿产资源承载能力是一个描述矿产资源支持人类生存社会经济活动能力阈值的概念，是在可以预见的时期内，在当时的科学技术、自然环境和社会条件下，矿产资源存量用直接或间接的方式表现的所能持续供养的人口数量和经济总量，其潜在价值能在一定程度上反映其区域矿产资源的保障能力和承载能力。武汉市区域内矿产资源种类丰富，储量大。全市已发现矿产 40 种，矿产地共有 251 处。在查明矿产中，建材类和冶金辅助原料类非金属矿产的资源储量占了绝大部分，且矿产分布较集中，矿床（矿产地）规模较大，地域特色较明显。

地质遗迹是指在地球演化的漫长历史时期，由于内外力作用，形成、发展并遗留下来的珍贵的、不可再生的地质自然遗产，具有重要的科学和美学价值。武汉市独特的大地构造位置造就了其丰富多样的地质遗迹资源。为了使武汉市的地质遗迹资源得以最大程度的、长期有效的保护和开发，很有必要开展地质遗迹资源承载能力评价，评价结果可为武汉市地质遗迹的保护、开发及地质遗迹资源的旅游发展提供参考依据。

总而言之，进行地质资源承载能力评价是对武汉市近期地质资源的一个重要评估，合理评价区域内的矿产资源、地质遗迹资源，对政府的开发与规划可以起到良好的先决条件，对维持自然与社会的平衡和坚持资源的可持续发展是具有重大意义的。

4.4.2 测算与分析方法

地质资源承载能力测算包括矿产资源和地质遗迹资源两个部分(图 4.5)。

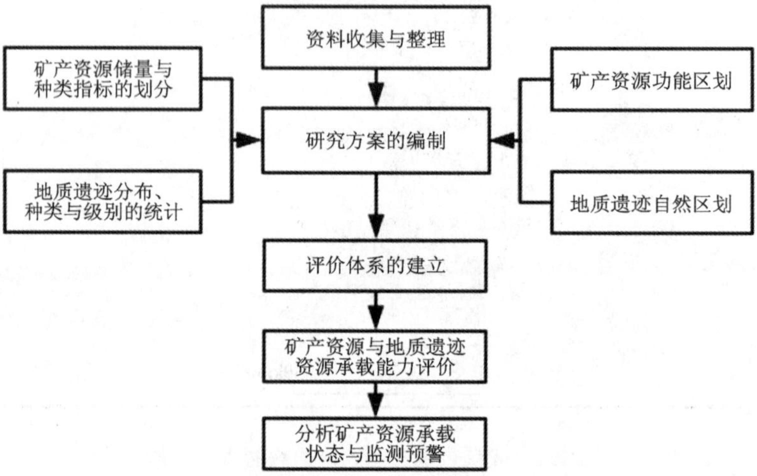

图 4.5　武汉市地质资源承载能力评价路线图

矿产资源承载能力的评价，主要基于武汉市已探明的矿产资源储量以及区域内对应矿产资源种类的丰富度，以及已经完成的矿产资源功能区划。通过综合指数法叠加，综合考虑生态、地形、矿产概况等多个因素，最终得到对矿产资源承载能力最终评价。地质遗迹承载能力评价则从地质遗迹的分布、种类、级别以及数量等多方面来分析，并结合已完成的地质遗迹自然区划图，以及武汉市地质遗迹的基本信息，采用定性与定量相结合的方法进行地质遗迹评价，并根据评价结果分为不同的等级。

4.4.3 测算过程

4.4.3.1 矿产资源承载能力评价

利用收集整理的数据和给出的评价公式，开展丰富度与储量指标、矿产资源功能区划指标，将评价结果与对应的评价阈值与承载状态表进行对比分析，将结果填入承载能力评价结果汇总表。

1. 矿产资源承载能力指数 CI_{gr}

矿产资源承载能力评价，通过专家打分法确定各要素权重，进行加权平均计算。由承载状态依次将其赋值(表 4.13)。评价公式如下：

$$CI_{gr} = \sum M_i \cdot N_i \tag{4.14}$$

式中：CI_{gr} 为矿产资源承载能力指数；M_i 为对应矿产资源丰富度与储量指标赋值；N_i 为对应矿产资源功能区划指标权重。根据计算结果判断矿产资源承载状态如图 4.6 所示。

表 4.13　矿产资源承载状态评价指标赋值

承载状态	不超载	临界超载	超载
赋值	3	2	1

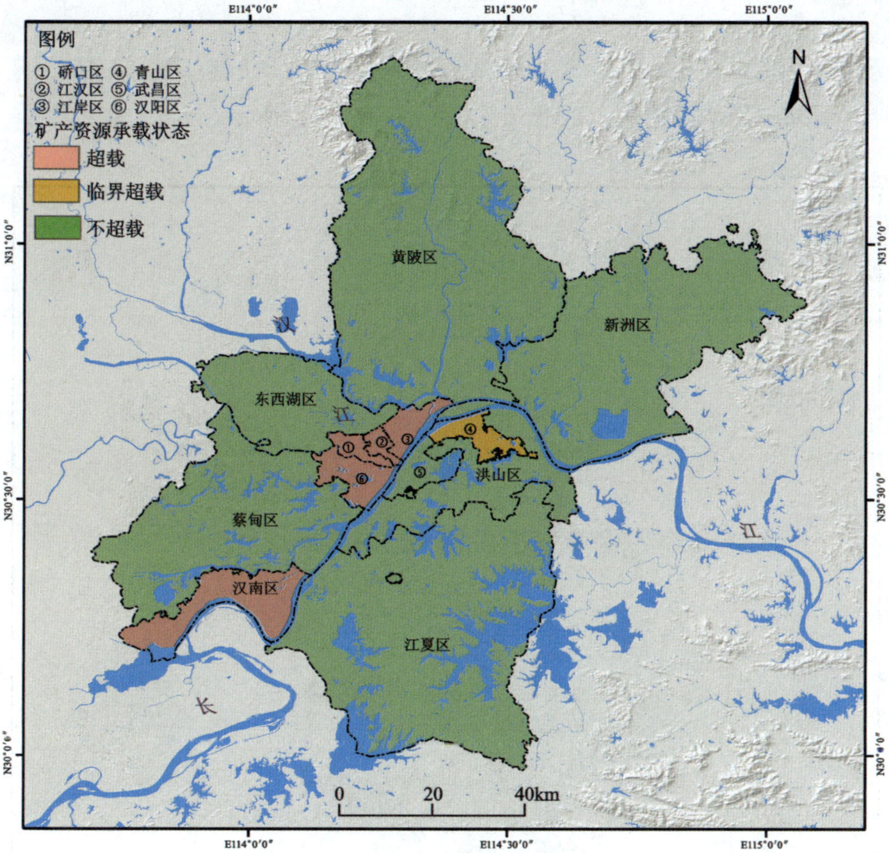

图 4.6　武汉市矿产资源承载状态评价图

4.4.3.2　地质遗迹资源承载能力评价

依据《资源环境承载能力和国土空间开发适宜性评价技术指南》中文态空间重要性分级(表 4.14)，对区内相应地质遗迹资源进行重要性赋值。

表 4.14　文态空间重要性分级参考阈值

文态要素大类	保护级别	保护边界	重要性赋值
点状文态空间	国家级	保护范围	5
		建设控制地带	4
	省级	保护范围	4
		建设控制地带	3
	市县(区)级	保护范围	3
		建设控制地带	2

评价公式如下：

$$G_y = \frac{\sum_{\max}\{Y_j, Y_l\}}{Y_s} \tag{4.15}$$

式中：G_y 为地质遗迹资源指数；Y_j 为地质遗迹级别；Y_l 为地质遗迹类型；Y_s 为地质遗迹数量。根据计算结果判断地质遗迹承载状态如图 4.7、表 4.15 所示。

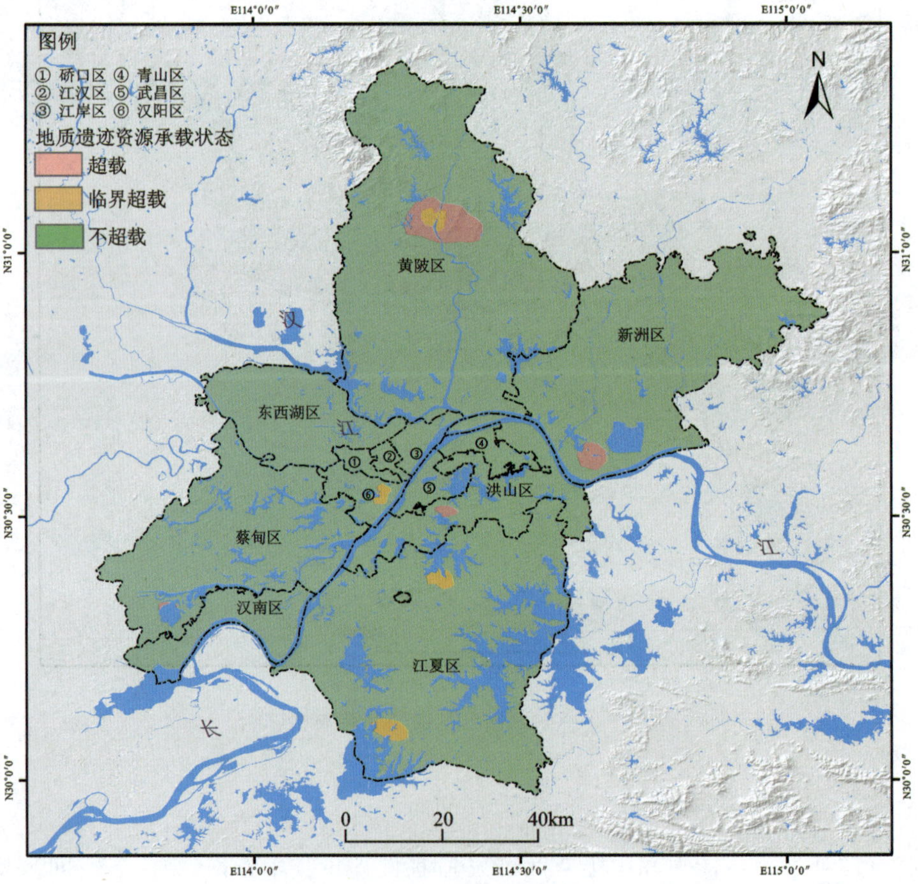

图 4.7　武汉市地质遗迹资源承载状态评价图

表 4.15　地质遗迹资源承载状态评价指标赋值

承载状态	不超载	临界超载	超载
赋值	3	2	1

4.5　水环境承载能力测算与状态分析

4.5.1　概述

水环境承载能力即水环境容量，是指水体的纳污能力，在一定的水质目标或环境目标下，某水域能够允许承纳的污染物的最大数量，环境容量对人类活动的支持能力同样影响到水资源承载能力的大小。水环境由地表水环境和地下水环境组成，在对武汉市水环境承载能力评价的过程中，由于武汉市超过 90%的供水是由地表水提供的，因此本次只评价武汉市地表水环境承载能力。

4.5.2　测算与分析方法

对武汉市水环境承载能力评价，先将天然水域（河流、湖泊水库）概化成计算水域，再收集评价水域水文资料（流速、流量、水位、体积等）和水域水质资料（多项污染因子的浓度值），同时收集水域内的排污口资料（废水排放量与污染物浓度）、支流资料（支流水量与污染物浓度）、取水口资料（取水量、取水方式）、污染源资料等（排污量、排污去向与排放方式），并进行数据一致性分析，形成数据库，然后建立水质模型，确定模型所需参数，通过模型和参数对水环境容量进行计算，得到武汉市水环境承载能力（图 4.8）。

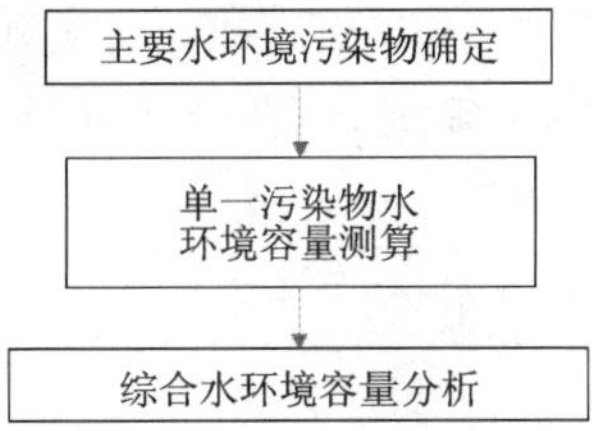

图 4.8　水环境承载能力评价技术路线图

4.5.3　测算过程

4.5.3.1　计算单元的确定

本小节以武汉市水系与流域边界、行政区边界等地理信息图层作为评价单元（表 4.16）。

表 4.16　武汉市主要河流状况

名称	境内流程/km	平均流量/($m^3 \cdot s^{-1}$)
长江	145.5	22 400
汉江	62	1 781.12
府河	48	116.90
金水	43	40.86

续表 4.16

名称	境内流程/km	平均流量/($m^3 \cdot s^{-1}$)
滠水	105	12.31
倒水	42	26.75
举水	51	50.44
东荆河	6.5	—
通顺河	44.9	—
沙河	37	5.30
界河	21	—
巡司河	14.9	—

4.5.3.2 水质模型

按照污染物降解机理，水环境容量可划分为稀释容量($W_{稀释}$)和自净容量($W_{自净}$)两部分。稀释容量是指在给定水域的来水污染物浓度低于出水水质目标时，依靠稀释作用达到水质目标所能承纳的污染物量。自净容量是指由于沉降、生化、吸附等物理、化学和生物作用，给定水域达到水质目标所能自净的污染物量。在其他条件不变的情况下，污染物排放方式的改变(如排放口位置的不同)将影响水域的环境容量，因此水环境容量往往是一组数值。实际的水环境容量确定，是在分析稀释容量与自净容量的基础上，根据排污方式的限定与环境管理的具体需求，即在不改变排污口位置和水质目标等情况下，确定水域的环境容量(W)。

假设水体的污染物在不发生任何降解转化的情况下，理论水环境容量(即稀释容量)为：

$$W_1 = Q_0(C_s - C_0) \tag{4.16}$$

由于水体中的污染物在水体中不断发生物理、化学或生物降解等自然净化过程，使得水体潜在增加的水环境容量(即自净容量)为：

$$W_2 = Q_0(C_s - C_0)K \tag{4.17}$$

综上，水体的实际水环境容量为：

$$W = W_{稀释} + W_{自净} = W_1 + W_2 \tag{4.18}$$

式中：W 为水体的水环境容量值(t/a)；Q_0 为河流来水流量(m^3/s)；C_s 为水质目标(mg/L)；C_0 为河流水体本底值(mg/L)；K 为综合降解系数(1/d)。

4.5.3.3 参数确定

1. 降解系数

降解系数主要参考以往武汉市环境影响评价、水环境模拟及相关降解系数专题研究等工作中已有的研究成果，确定武汉市地表水降解系数为 $0.023d^{-1}$，氨氮降解系数为 $0.13d^{-1}$。

2. 水质目标

水质目标是根据各评价单元所在功能区的水质目标，参考国家标准《地表水环境质量标准》(GB 3838—2002)(表 4.17)确定的标准值。

表 4.17　地表水中 COD 及氨氮的环境质量标准

水质类型	Ⅰ类	Ⅱ类	Ⅲ类	Ⅳ类	Ⅴ类
COD	≤15	≤15	≤20	≤30	≤40
NH_3-N	≤0.15	≤0.5	≤1.0	≤1.5	≤2.0

4.5.4　测算与分析结果

根据武汉市各河流断面与湖泊水质监测结果，运用公式计算武汉市地表水中 COD 和氨氮(NH_3-N)的环境容量。对河流水环境容量的计算时，对于同一条河流的不同容量计算结果，选取不同断面计算结果的最大值代表整条河流的水环境容量结果。计算结果如表 4.18 和表 4.19 所示。

根据武汉市主要污染物排放量 COD、NH_3-N 与上述计算所得的武汉市地表水中 COD、NH_3-N 环境容量之间的对比分析，即容量指数，进行水环境容量状态评价(表 4.20)，评价结果见表 4.21。根据水环境容量状态，对武汉市各区进行水环境容量状态等级分区，主要利用“取差法”，即采用各区内水环境容量状态最差的代表该区的容量状态，到具体的水环境容量状态的空间分布结果见图 4.9 和图 4.10。

表 4.18　武汉市河流水环境容量

河流名称	水环境容量		水环境容量指数	
	COD/($t\cdot a^{-1}$)	NH_3-N/($t\cdot a^{-1}$)	COD	NH_3-N
长江	618 228.83	32 309.35	0.001	0.001
汉江	18 718.15	668.32	0.001	0.001
通顺河	6 124.23	89.38	0.001	0.004
金水	438.77	7.21	0.010	0.047
府河	2 122.72	75.34	0.017	0.021
滠水	181.65	2.17	0.172	0.483
倒水	286.00	4.03	0.016	0.089
举水	552.94	17.72	0.051	0.047
沙河	22.83	2.03	0.472	0.074
巡司河	10.57	0.39	2.653	3.667
马影河	16.76	0.72	1.610	1.917

表 4.19 武汉市湖泊水环境容量

湖泊名称	COD 污染	COD 容量	容量指数	NH_3-N 污染	NH_3-N 容量	容量指数
换子湖	2.24	20.85	0.107	0.34	1.12	0.304
塔子湖	38.83	105.88	0.366	2.49	2.97	0.838
西湖	2.43	8.51	0.285	0.37	0.58	0.638
汉口北湖	20.21	27.16	0.744	3.05	1.74	1.753
机器荡子	4.09	29.10	0.140	0.62	0.36	1.722
菱角湖	1.50	14.40	0.104	0.22	0.26	0.846
后襄湖	14.54	12.97	1.121	2.19	0.31	7.065
小南湖	0.47	6.84	0.068	0.07	0.11	0.636
竹叶海	16.65	34.78	0.478	1.07	1.16	0.922
张毕湖	50.75	165.88	0.305	3.26	3.62	0.901
月湖	178.69	205.94	0.867	22.15	5.81	3.812
墨水湖	2 584.12	2 068.34	1.249	460.63	60.66	7.594
莲花湖	8.51	14.12	0.602	0.51	0.55	0.927
龙阳湖	2 305.02	924.77	2.492	312.64	42.05	7.435
三角湖	567.70	912.32	0.622	56.18	51.24	1.096
北太子湖	233.73	176.39	1.325	26.32	8.61	3.057
南太子湖	5 846.77	1 977.65	2.956	816.99	76.06	10.741
四美塘	18.90	31.04	0.608	1.26	0.95	1.326
内沙湖	94.36	67.63	1.395	6.3	3.42	1.842
水果湖	74.08	64.47	1.149	4.92	4.51	1.091
紫阳湖	67.50	62.22	1.084	4.49	3.01	1.492
东湖	8 210.24	17 341.07	0.473	318.97	172.61	1.848
南湖	9 588.78	4 338.55	2.210	1 090.94	266.44	4.095
外沙湖	4 071.90	1 598.71	2.546	509.82	73.7	6.918
晒湖	156.63	75.60	2.071	17.64	5.68	3.106
杨春湖	596.82	400.01	1.492	67.21	26.17	2.568
野芷湖	199.09	508.38	0.391	15.99	12.27	1.303
汤逊湖	7 075.13	12 427.92	0.569	570.55	686.11	0.832
严西湖	2 430.06	7 641.28	0.318	200.35	95.12	2.106
野湖	319.31	513.32	0.622	26.45	15.96	1.657
黄家湖	1 043.19	3 658.19	0.285	83.78	109.55	0.765
青山北湖	2 710.23	1 753.02	1.546	217.65	131.71	1.652

续表 4.19

湖泊名称	COD 污染	COD 容量	容量指数	NH_3-N 污染	NH_3-N 容量	容量指数
青菱湖	2 335.23	3 836.79	0.608	187.53	157.31	1.192
万家湖	371.30	398.49	0.931	26.19	18.82	1.392
西边湖	119.78	99.37	1.205	8.45	3.54	2.387
汤湖	364.41	243.29	1.497	25.71	17.8	1.444
烂泥湖	98.83	324.47	0.304	6.97	5.28	1.320
硃山湖	562.94	1 472.96	0.382	39.71	21.44	1.852

表 4.20　水环境容量状态等级划分表

COD 容量指数	>1	0.8～1	0.5～0.8	≤0.5
NH_3-N 容量指数	>1	0.8～1	0.5～0.8	≤0.5
容量状态	超载	较低容量	一般容量	较高容量

表 4.21　武汉市水环境容量状态结果表

河流或湖泊名称	COD	NH_3-N
长江	较高容量	较高容量
汉江	较高容量	较高容量
通顺河	较高容量	较高容量
金水	较高容量	较高容量
府河	较高容量	较高容量
滠水	较高容量	较高容量
倒水	较高容量	较高容量
举水	一般容量	较高容量
沙河	较高容量	较高容量
巡司河	超载	超载
马影河	超载	超载
换子湖	较高容量	较高容量
塔子湖	较高容量	较低容量
西湖	较高容量	一般容量
汉口北湖	一般容量	超载
机器荡子	较高容量	超载
菱角湖	较高容量	较低容量

续表 4.21

河流或湖泊名称	COD	NH_3-N
后襄湖	超载	超载
小南湖	较高容量	一般容量
竹叶海	较高容量	较低容量
张毕湖	较高容量	较低容量
月湖	较低容量	超载
墨水湖	超载	超载
莲花湖	一般容量	较低容量
龙阳湖	超载	超载
北太子湖	超载	超载
南太子湖	超载	超载
四美塘	一般容量	超载
内沙湖	超载	超载
水果湖	超载	超载
紫阳湖	超载	超载
东湖	较高容量	超载
南湖	超载	超载
外沙湖	超载	超载
晒湖	超载	超载
杨春湖	超载	超载
野芷湖	较高容量	超载
汤逊湖	一般容量	较低容量
严西湖	较高容量	超载
野湖	一般容量	超载
黄家湖	较高容量	一般容量
青山北湖	超载	超载
青菱湖	一般容量	超载
万家湖	较低容量	超载
西边湖	超载	超载
汤湖	超载	超载
烂泥湖	较高容量	超载
硃山湖	较高容量	超载

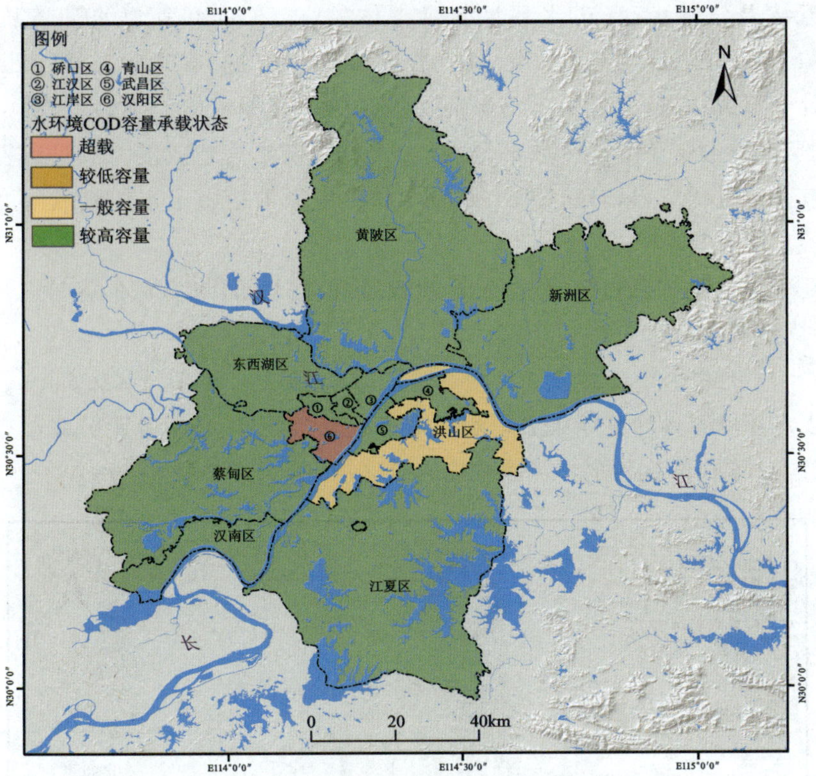

图 4.9　武汉市水环境 COD 容量分区图

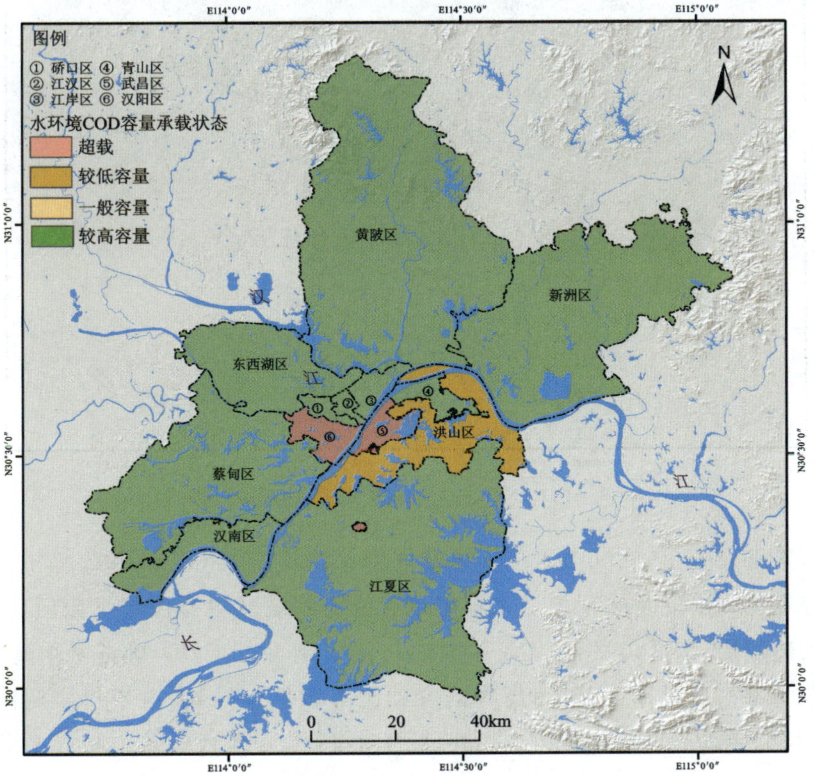

图 4.10　武汉市水环境氨氮容量分区图

根据计算结果分析，武汉市水环境容量整体较高，COD 和氨氮水环境总容量分别为 710 266.13t/a、35 265.27t/a。武汉市 COD 容量大多处在较高容量状态；汉南区和汉阳区的水环境容量处于超载状态，主要由于马影河、月湖、墨水湖等水体受到污染；洪山区的水环境容量属于一般容量，主要是由该区域部分水体 COD 浓度略高造成的。武汉市氨氮容量大部分地区处于较高容量状态，只有汉阳区、武昌区和洪山区等地由于水体氨氮浓度过高而处在超载或较低容量状态。

武汉市地表水主要污染物指标为 COD 和氨氮，根据 COD 和氨氮的容量进行地表水环境容量评价，计算公式为：

$$地表水环境容量=环境容量\times 0.5+氨氮环境容量\times 0.5 \tag{4.19}$$

根据地表水环境容量计算结果进行水环境承载能力评价，采用等距分级法进行承载能力等级划分，借助 GIS 软件绘制水环境承载能力分区图（图 4.11）。

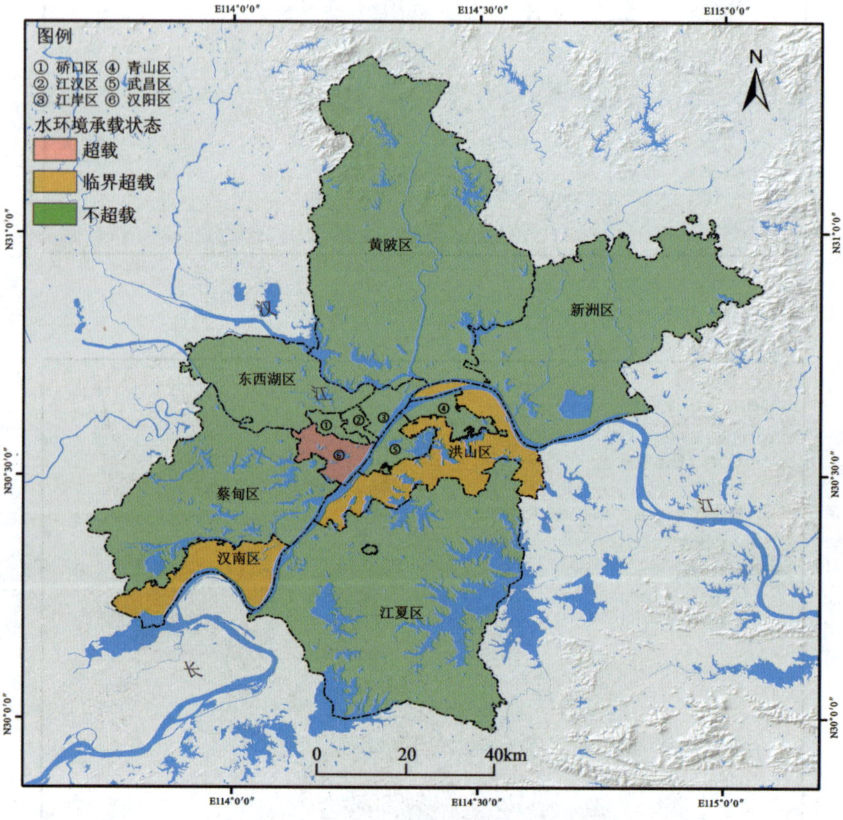

图 4.11　武汉市水环境承载能力分布图

从评价结果可以看出，武汉市水环境承载能力总体较高，对 COD 和氨氮的污染容纳能力较大。大部分地区未出现超载现象。水环境承载能力超载区主要位于汉阳区，主要由于该区湖泊水体污染造成的，该区内的绝大多数湖泊与河流断面的 COD 与氨氮浓度，富营养化严重，且流量小，污染物难以降解，对污染物的容纳能力较低。另外，由于对排污问题的监管不力，导致其很容易受到工业以及城镇生活废水的污染，水质现状较差。临界超载区主要分布在武昌区、洪山区及汉南区，该区目前的水环境对污染物的容纳量较大，不会影响当地的社会经济发展，但如果水环境进一步恶化，将严重影响该区的可持续发展，故在城市发展中要严格管理排污问题。其他的地区水环境承载能力未出现临界超载及超载现象，水环境不会成为制约该地区社会经济发展的制约因素，但在发展过程同样要做好污染防治措施，实现环境一社会一经济的可持续发展。

4.6 地质环境承载能力测算与状态分析

4.6.1 概述

地质环境承载能力是指在一定时期和一定区域范围内，以及在一定的环境目标下，在维持地质环境系统在不发生质的改变，地质环境系统功能不朝着不利于人类社会、经济活动发展的条件下，地质环境所能承受人类活动和改变的最大潜能。地质环境承载能力在本质上反映了地质环境与人类活动的辨证关系，建立了地质环境和人类活动的联系纽带，为地质环境和人类活动之间的协调发展提供了理论依据。

地质环境承载能力的评价，主要是对地质环境问题和地质灾害的易发性进行的评价，因此可由地质环境脆弱程度来反映地质环境的承载能力。脆弱性是地质环境的固有属性之一。地质环境脆弱性，是指地质环境系统对外力扰动做出的自我调节、恢复自身结构和功能的能力(马传明等，2007)。自我调节能力大小反映出地质环境脆弱性的强弱程度，取决于地质环境系统结构和构造，并与外力扰动类型、特征、强度相关。一旦外力扰动超出地质环境系统自动调节能力，必将引发各种地质灾害及地质环境问题，形成脆弱的地质环境。地质环境脆弱程度表现为地质灾害的易发程度(余志山，2008)。

4.6.2 测算与分析方法

地质环境脆弱性评价是对地区可能发生的地质灾害的易发性进行评价。以武汉市主要地质灾害为研究对象，结合武汉市实际地质环境条件，运用层次分析-综合指数-取差法(杨乐等，2014；匡恒等，2016；郑长远等，2010)，开展了地质环境脆弱性评价与区划工作(图4.12)。基本过程如下：首先，确定影响武汉市地质环境脆弱性的主要地质灾害；其次，从地质灾害的发生机理、形成条件及当地实际地质环境条件出发，归纳总结主要影响因素作为易发性评价指标，并建立各评价指标的分级标准，利用层次分析法确定指标权重，构建评价指标体系；然后，运用综合指数法计算各地质灾害的易发性指数，开展地质灾害易发性评价；最后，根据灾害易发性评价结果，利用取差法进行地质环境脆弱性评价与区划。

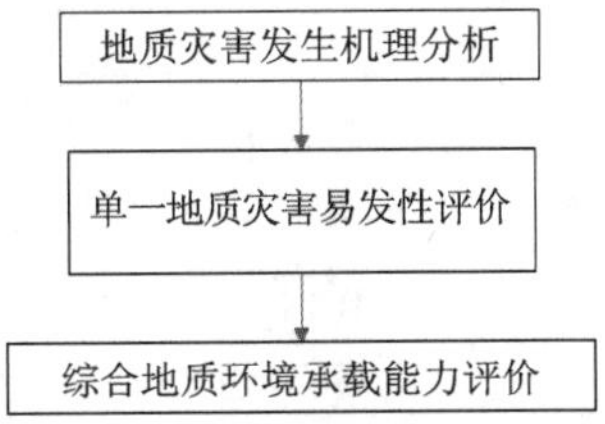

图4.12 综合地质环境承载能力评价路线图

4.6.3 测算过程

4.6.3.1 指标选取

根据武汉市实际地质调查资料、地质环境特征以及已发生地质灾害的发生机理，选取了各地质灾害相应的评价指标，具体分析如下。

1. 崩塌

崩塌是斜坡体系统在外界因素作用下，部分岩土块体脱离斜坡母体而形成的，崩塌的形成可从斜坡体的结构（地形地貌、地层岩性、地质构造）和外在作用（降水量等）两个方面进行研究。

地形地貌：崩塌受到地形地貌的制约，一般多发生在江河湖的岸坡、山坡、工程活动的边坡，坡度越陡发生崩塌的可能性就越高。另外，对于一个斜坡单元而言，进行易发性评价时，坡高一般是要重点考虑的因素。因为在其他条件均相同的情况下，坡高越大，剩余下滑力往往越大，对崩塌易发性越有利。由此，笔者选取坡度和坡高为评价指标。

地层岩性：地层岩性是发生崩塌的主要基础条件，厚层坚硬岩石因岩石强度较大，裂隙发育时，岩石常呈块状，块体之间分离面的摩擦力较大，块体相互锁固，可形成高而陡的坡形。相对软弱的岩层强度较小，裂隙细密，岩石常呈碎块，在陡峭的坡面易发生失稳形成崩塌。由此，笔者选取岩性作为崩塌易发性评价的指标。

地质构造：武汉市地质构造对崩塌的影响作用主要是地壳运动和抬升，能够使土体中垂直裂隙和切割岩石的构造裂隙较发育，也可能改变岩土体的原有的脆弱力学平衡，在降雨时，地表水沿裂隙渗入，在地表水的渗透和运动作用下，岩土裂隙不断扩大，引发崩塌。由此，笔者选取地质构造作为崩塌易发性评价的指标。

降水量：影响崩塌的地质条件的内在因素往往处在稳定或平衡状态，引发崩塌灾害的还需外界作用。降雨特别是大暴雨和长时间的持续降雨，使地表水渗入坡体，软化岩土及其中软弱面，产生孔隙水压力等从而诱发崩塌。

由此，笔者选择坡度、高程、岩性、地质构造和降水量为评价指标。

2. 滑坡

滑坡是斜坡土体在重力作用下沿软弱面整体滑移的现象。影响滑坡的因素主要分为内在因素和外在因素。内在因素包括地形地貌条件、岩土体性质等；外在因素包括水文地质条件及地质构造和降水量等。

地形地貌条件：相对高差较大，斜坡坡度较陡以及下陡中缓上陡的坡形易发生滑坡灾害。其中坡高越高，坡内的应力值越大，发生滑坡的可能性就越大。滑坡受到地形地貌的制约，选取高程和坡度为评价指标。

岩土体性质：斜坡岩土体的性质是决定斜坡抗滑的基本要素。结构松散，抗剪强度和抗风化能力低，在水作用下容易发生变化的岩层是滑坡已发生的物质基础，软弱互层的碎屑岩组也利于滑坡的形成。因此选取地层岩性作为滑坡易发性评价的指标。

水文地质条件：地下水活动在滑坡形成中起着主要的作用。

地质构造：地质构造对滑坡的形成也起了很重要的作用，因为构造带及其周围的岩层裂隙比较发育，岩体比较破碎，容易风化，岩土体易沿着破碎带发生滑动，发生滑坡。因此选取地质构造作为滑坡易发性评价的指标。

降水量：同崩塌一样，降水量也是诱发滑坡的主要外界因素。

由此选择坡度、高程、岩性、水文地质条件、地质构造和降水量为评价指标。

3. 地面塌陷

武汉市地面塌陷易发性参见第 3 章(图 3.20)，这里不再赘述。

4.6.3.2　评价指标权重的确定

对武汉市地质环境承载能力评价指标权重的确定采用的是定性与定量相结合的层次分析法(AHP)，主要通过构建判断矩阵确定因素之间的相对重要性。各地质灾害易发性评价指标的判断矩阵如表 4.22 和表 4.23 所示。具体评价指标的计算结果值如表 4.24 所示。

表 4.22　崩塌易发性指标判断矩阵

指标	坡度	坡高	地层岩性	地质构造	降水量
坡度	1	1	1/2	3	3
坡高	1	1	1/2	3	3
地层岩性	2	2	1	3	4
地质构造	1/3	1/3	1/3	1	2
降水量	1/3	1/3	1/4	1/2	1

表 4.23　滑坡易发性指标判断矩阵

	地形地貌	坡度	坡高	地层岩性	地质构造	降水量
地形地貌	1	1	1	1	2	3
坡度	1	1	2	1	2	3
坡高	1	1/2	1	1	2	3
地层岩性	1	1/2	1	1	2	3
地质构造	1/2	1/2	1/2	1/2	1	2
降水量	1/3	1/3	1/3	1/3	1/2	1

表 4.24 武汉市地质环境脆弱性评价指标体系

准则层	评价指标	评价指标属性分值与等级划分				权重
	属性分值	4	3	2	1	
崩塌	坡度/(°)	>15	10～15	5～10	<5	0.275
	坡高/m	≥75	50～75	25～50	≤25	0.246
	地层岩性	黑云奥长眼球状混合岩、条带状混合岩	厚层灰岩、白云岩夹页岩	花岗岩、白云石英片岩、角闪片岩	火山岩岩类、硅质岩、黏土亚黏土	0.285
	地质构造	断裂多、规模大，构造复杂，地块完整性差	断裂较大，地块整体完整性较差	碎块结构，断裂规模小，呈断续分布，地块整体较为完整	块体结构，构造简单，地块完整	0.113
	降水量/mm	≥2000	1800～2000	1600～1800	≤1600	0.081
滑坡	地形地貌	侵蚀低山	侵蚀-剥蚀高丘陵	侵蚀-剥蚀低丘陵	冲积平原、剥蚀堆积岗状平原	0.205
	坡高/m	≥75	50～75	25～50	≤25	0.182
	坡度/(°)	>15	10～15	5～10	<5	0.218
	地层岩性	页岩、断层角砾岩	泥灰岩、灰岩夹煤层	单一岩性碳酸盐岩、砂岩、黏土	岩浆岩类、变质岩类	0.192
	地质构造	断裂多、规模大，构造复杂，地块完整性差	断裂较大，地块整体完整性较差	碎块结构，断裂规模小，呈断续分布，地块整体较为完整	块体结构，构造简单，地块完整	0.127
	降水量/mm	≥2000	1800～2000	1600～1800	≤1600	0.076

4.6.3.3 评价指标体系建立

根据上述选取的评价指标以及计算得到的指标权重，构建的武汉市地质环境脆弱性评价指标体系(表 4.24)。

4.6.3.4 单要素承载能力测算

基于已建立的评价指标体系，采用综合指数法计算各评价单元的易发性指数，并进行易发性指数等级划分(表 4.25)，根据等距分级法对易发性指数进行分级，分为稳定性、低易发性、中易发性和高易发性四个等级，绘制单一地质灾害易发性分区图(图 4.13、图 4.14、

图 3.20)。综合指数值是采用加权平均法来计算的,计算公式为:

$$PI = \sum_{i=1}^{n} U_i \cdot W_i \tag{4.19}$$

式中:PI 为综合指数值;U_i 为各评价因子量化后的值;W_i 为各评价因子的权重。

表 4.25　地质灾害易发性等级划分表

地质灾害	稳定区	低易发区	中易发区	高易发区
崩塌	≤1.4	1.4～1.8	1.8～2.2	≥2.2
滑坡	≤1.6	1.6～2.2	2.2～2.8	≥2.8

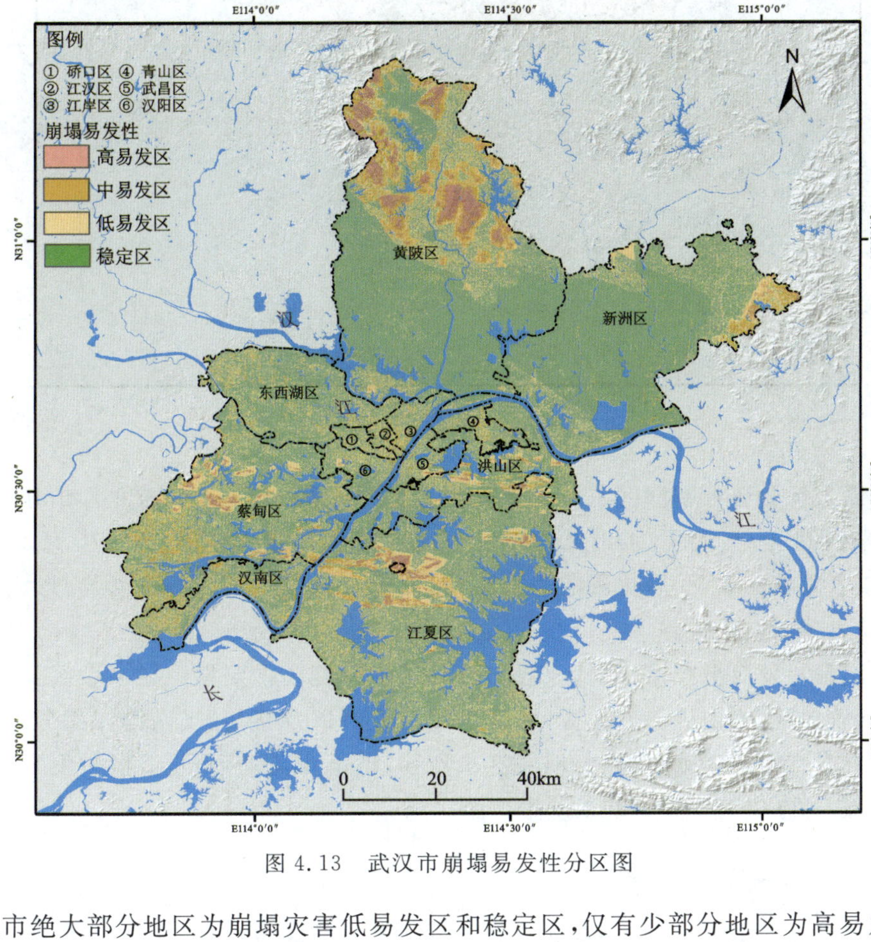

图 4.13　武汉市崩塌易发性分区图

武汉市绝大部分地区为崩塌灾害低易发区和稳定区,仅有少部分地区为高易发区和中易发区。崩塌高易发区分布在黄陂区北部地区及东西湖区小部分地区,该区高山陡坡,发育块状、厚层状的坚硬岩石,易形成裂隙产生崩塌;中易发区分布在黄陂区北部大部分地区、新洲东部、洪山区、蔡甸区以及江夏区部分地区,这些地区地层岩性为元古宇红安群片岩、片麻岩和大理岩,地表植被覆盖较好。地段地形较陡,而变质岩具片理和片麻理,人工开挖岩体易产生层间滑动,引发滑坡、崩塌等地质灾害。

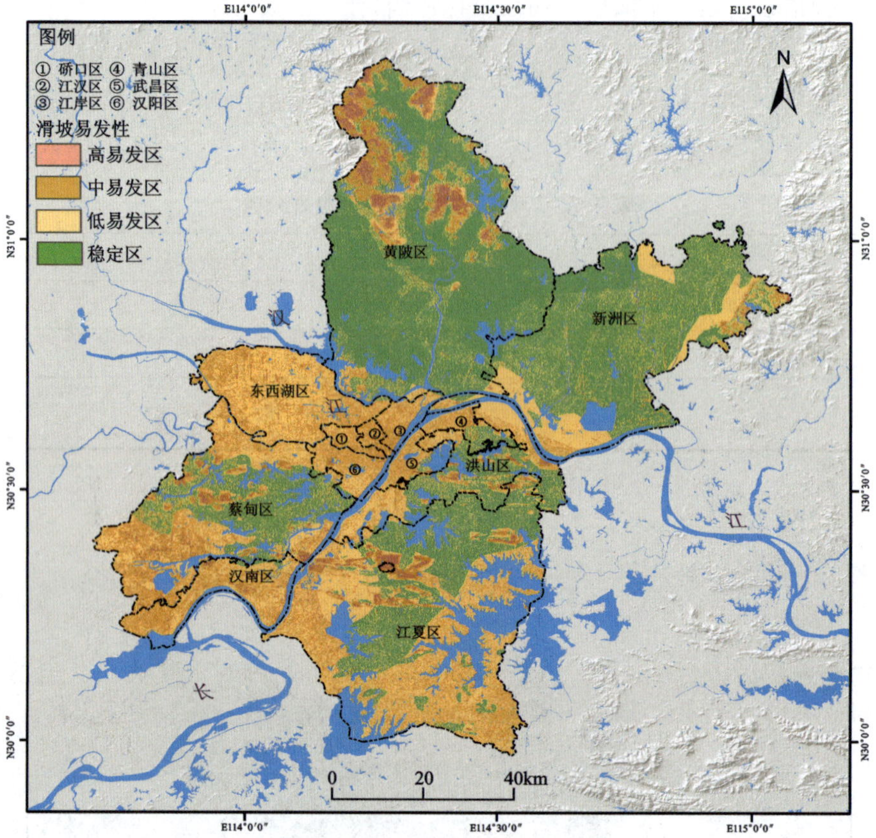

图 4.14　武汉市滑坡易发性分区图

滑坡高易发区分布在新洲区东部小部分地区，中易发区分布在黄陂北部山地丘陵地区、新洲东部、东西湖区、江汉区、洪山区、蔡甸区、江夏区也有部分分布。这些区域岩性多为片岩、片麻岩或者碳酸盐岩，受风化影响表面破碎，裂隙发育或受到采石场影响，形成天然或人为的陡坡，易发生滑坡灾害。

地面塌陷高易发区分布在江夏区小部分地区，中易发区主要集中在主城区，具体有江岸区、江汉区和硚口区，青山区部分地区，江夏区部分地区以及蔡甸、汉南沿江部分地区。该区地层岩性多分布有覆盖型碳酸盐岩，地层富水性强，地下水流动强烈，溶洞较发育，主要分布在已建设区域，易在人为因素影响下发生地面塌陷。

4.6.4　测算与分析结果

基于各类地质灾害易发性评价结果，采用取差法进行地质环境脆弱性评价，即认为评价单元内只要某一种地质灾害的易发性高，则认为该区域整体上地质环境为脆弱。地质环境脆弱性将被分为高脆弱性、中脆弱性、低脆弱性和稳定区。地质环境承载能力与地质环境脆弱性呈负相关，地质环境脆弱性高的区域地质环境承载能力低。武汉市地质环境高脆弱区、中脆弱区、低脆弱区及稳定区分别对应地质环境低承载能力区、中承载能力区、较高承载能力区及高承载能力区(图 4.15)。

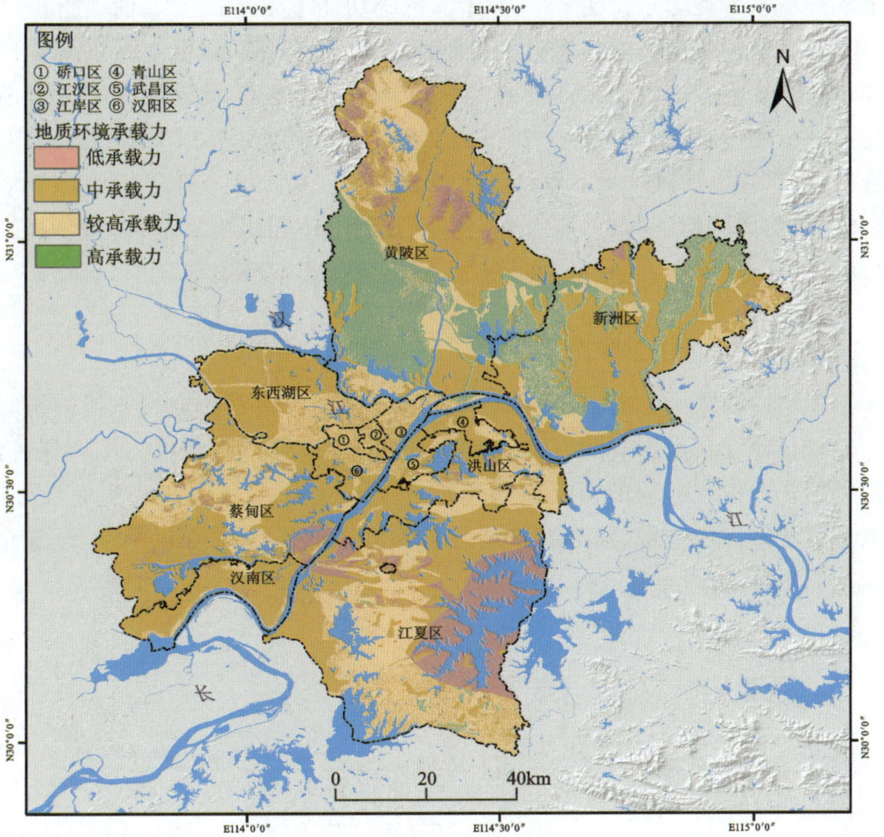

图 4.15　武汉市地质环境承载能力分区图

评价结果显示:武汉市地质环境承载能力整体较高。其中,低承载能力区面积为816.64km²,占武汉市总面积的 9.53%,主要分布在黄陂区北部山地地段和东西湖区小部分地区,易发生崩塌滑坡地质灾害;江夏区部分地区则由于碳酸盐岩、地下水流强烈等原因,是地面塌陷的高易发区,造成地质环境呈高脆弱状态。总承载能力区面积为 4 349.69km²,占武汉市总面积的 50.76%,主要分布在黄陂区北部、新洲县东部、蔡甸区、青山区部分地区,受坡度、地层等影响,易发生崩塌滑坡灾害;另外,硚口区、江汉区和青山区部分地区易发生地面塌陷,导致这些区域地质环境为中脆弱状态。较高承载能力区和高承载能力区面积分别为 1 067.72km² 和 2 335.10km²,占武汉市总面积的 12.46%和 27.25%,受断裂影响小,地块完整,地层岩性多为元古宇红安群片岩、片麻岩、白垩系—新近系东湖群砂岩、第四系中更新统黏土,在不受强烈外界因素影响下,地质环境承载能力较高。

4.7　土壤环境承载能力测算与状态分析

4.7.1　概述

目前学术界对土壤环境承载能力概念、理论体系及评价标准尚未形成统一的认识。李超

(2016)将土壤环境承载能力定义为在土壤环境系统功能不发生改变的前提下土壤环境的尺度、强度和速率，以及土壤环境容量和社会经济承载能力的上限。

土壤环境是农业生产与农业发展的最基本和最重要的要素，将直接影响农产品制约着农业和农产品的产量和质量，影响着农业经济的发展、公众生命安全与身体健康、农业和社会的可持续发展。因此，在当前社会可持续发展的新形势下，对武汉市开展土壤环境承载能力评价，促进其产业结构的转型，为自然资源部门合理规划土地利用格局提供依据，提升区域综合竞争力，实现区域经济、社会、环境的和谐发展，提高可持续发展水平。

4.7.2 测算与分析方法

收集并整理相关的基础资料，以此分析土壤环境现状。根据研究区土壤环境容量对研究区的生产空间、生活空间、生态空间三种用地类型开展土壤环境承载能力综合评价：按照土壤环境承载能力综合评价分级标准确立脆弱性等级，并对整个工作区进行脆弱性分区，然后根据土壤环境承载状态进行分析，最终对土壤环境超载原因进行解析，并且针对研究区土壤环境提出具体化的防控对策(图 4.16)。

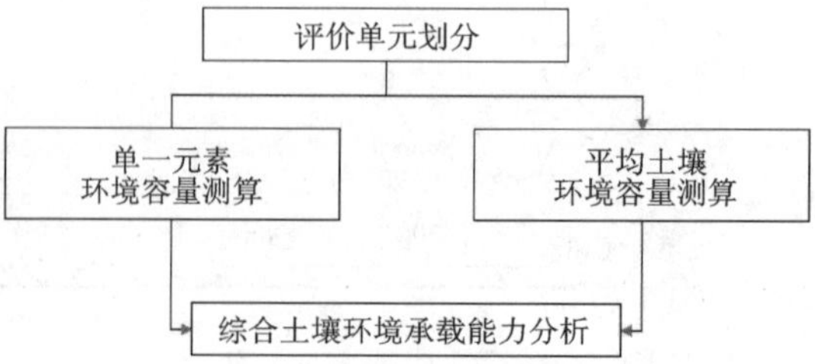

图 4.16 土壤环境承载能力技术路线图

4.7.3 测算过程

武汉市土壤环境承载能力评价法主要用到数据为土壤环境净容量以及内梅罗指数，具体计算方法分别如下：

(1)土壤环境静容量是指土壤环境允许容纳污染物的最大值，实际上是土壤污染起始值和最大负荷量的差值，无时间概念，也称为土壤环境的基本容量。计算公式为：

$$W_i = M \cdot (C_{ic} - C_{ib}) \times 10^{-6} \tag{4.20}$$

式中：W_i 为土壤环境静容量(kg/hm^2)，相当于土壤环境的总容量；M 为每公顷土壤的质量，其值为 2.25×10^6 kg/hm^2；C_{ic} 为土壤中某元素的临界含量值(mg/kg)；C_{ib} 为土壤中该元素的背景值(mg/kg)。这里的临界含量值选取各元素的风险筛选值。

(2)内梅罗指数(N L. Nemerow)是一种兼顾极值或称突出最大值的计权型多因子环境质量指数。计算公式为：

$$I = \sqrt{(\max_i^2 + \mathrm{ave}_i^2)/2} \tag{4.21}$$

式中：$\max_i^2$ 为各单因子环境质量指数中最大者的平方；ave_i^2 为各单因子环境质量指数的平均值的平方。内梅罗指数特别考虑了污染最严重的因子，内梅罗环境质量指数在加权过程中避免了权系数中主观因素的影响，是应用较多的一种环境质量指数。

利用取差法对每个评价单元的各类问题易发性评判、确定其级别；然后，根据评价结果对整个工作区进行承载分区（表 4.26），同时将其和人类活动分布图和土壤污染分布现状图进行叠加，得到土壤环境承载能力综合图（图 4.17）。

表 4.26　土壤环境承载能力综合评价分级标准

级别		分级标准
Ⅰ	高	评价单元内每类重金属的环境容量均大于其各自的平均土壤环境容量
Ⅱ	中	评价单元内每类重金属的环境容量均大于其各自的平均土壤环境容量的 50%
Ⅲ	一般	评价单元内每类重金属的环境容量均大于其各自的平均土壤环境容量的 25%
Ⅳ	低	评价单元内每类重金属的环境容量均大于 0
Ⅴ	较低	至少一项小于等于 0

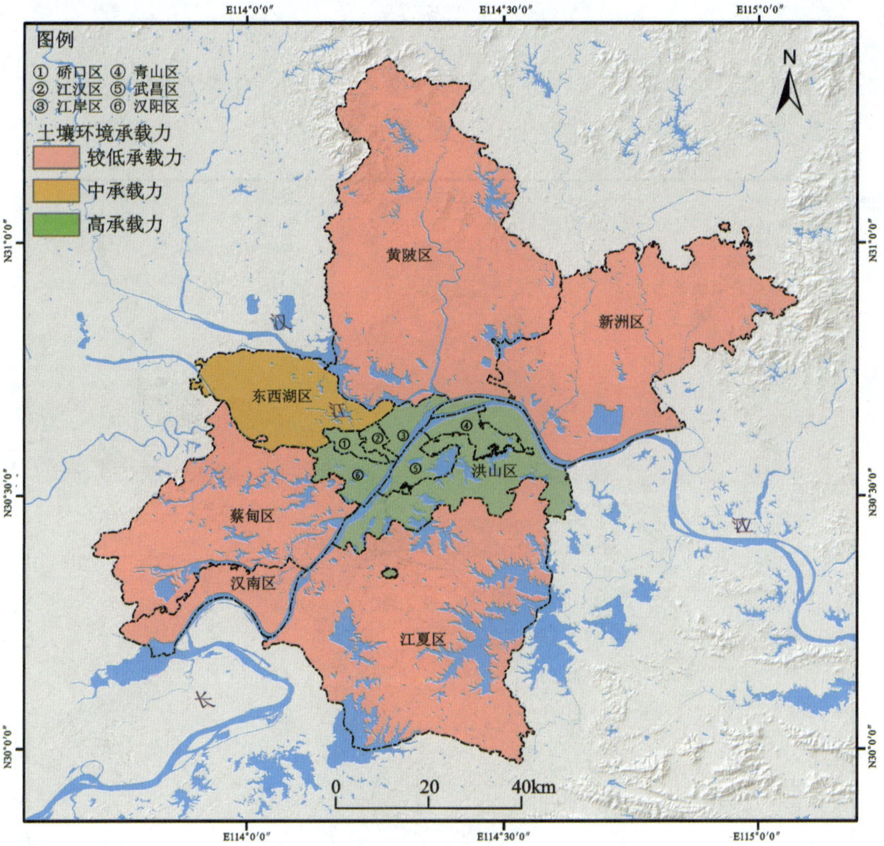

图 4.17　武汉市土壤环境承载能力

根据土壤环境承载状态评价标准（表 4.27）编制工作区土壤环境承载现状分布图（图 4.17）。

表 4.27　土壤环境承载状态评价标准

分项	承载状态评价			备注
	承载盈余	承载适宜	超载	
土壤环境	评价单元内测点测值均未超筛选值	评价单元内测点测值超筛选值未超管制值	评价单元内测点测值超管制值	单项
	内梅罗指数≤0.7	(0.7,1.0]	>1.0	综合

4.8　资源环境综合承载评价

以武汉市国土空间各单一资源环境的承载能力与状态测算为基础，利用综合指数法对武汉市国土空间资源环境的综合承载能力与状态进行评价，采用自然断点法得到综合资源环境承载能力分布图(图 4.18)，计算公式为：

$$S = \sum_{i=1}^{n} W_i P_i \tag{4.22}$$

式中：S 为综合指数值；W_i 为各资源环境要素的权重，考虑到各个资源环境要素具有同样重要的地位因此各要素权重相等；P_i 为各资源环境要素的属性值(表 4.28)。

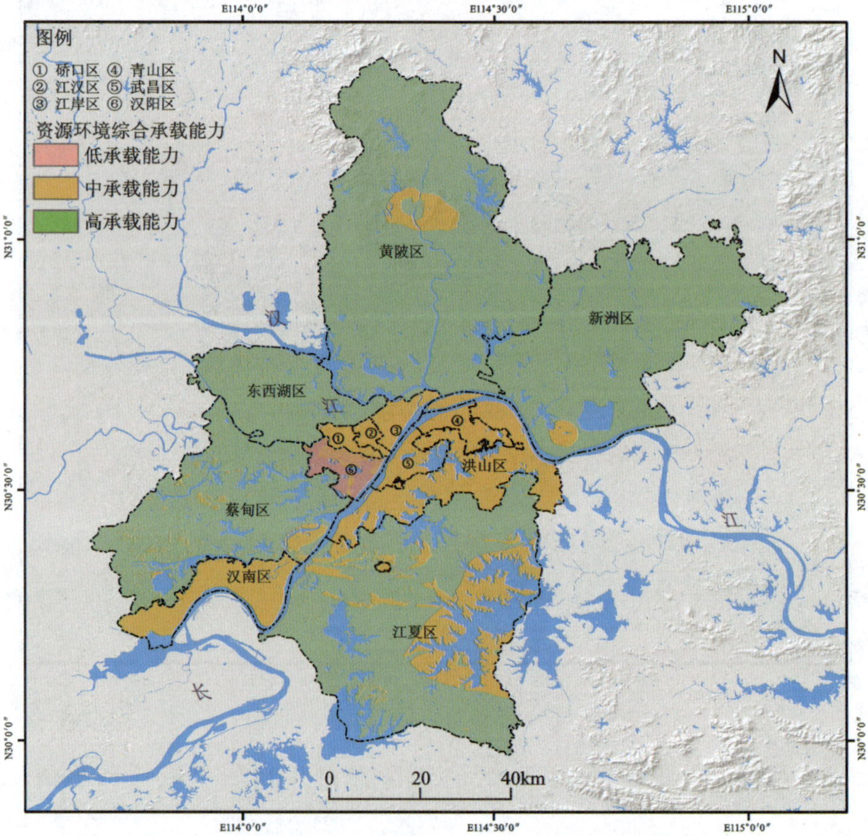

图 4.18　武汉市资源环境综合承载能力

表 4.28　资源环境要素承载能力属性值打分表

要素	权重	超载（低承载能力）	轻度超载（中承载能力）	临界超载（较高承载能力）	不超载（高承载能力）
土地资源	1/7	4	3	2	1
水资源	1/7	4	3	2	1
矿产资源	1/7	4	3	2	1
地质遗迹资源	1/7	4	3	2	1
水环境	1/7	4	3	2	1
地质环境	1/7	4	3	2	1
土壤环境	1/7	4	3	2	1

根据综合承载能力评价结果图(图 4.18)，武汉市整体承载能力较高，高承载能力区域面积约占武汉市总面积的 76.38%，中承载能力区域面积约占总面积的 22.64%，而低承载能力区域主要集中在汉阳区。由于武汉市当前的人口以及建设用地主要集中在汉口、武昌、汉阳、硚口、江岸、洪山等区，而工业发展主要集中在青山区和汉南区，因此这些区域的承载能力相对紧张存在一定程度的水土污染，对生态环境造成威胁。总体来看，武汉市国土空间资源环境承载能力的主要抑制因子为水土污染以及主城区水资源超载。如何在开发利用国土空间时同时兼顾生态环境保护以及资源可持续开发将是武汉市国土空间用途管制的重点。

本章参考文献

高志强，孙希华，2000. 基于中国资源环境数据库的土地资源承载能力研究[J]. 中国人口 · 资源与环境(S2)：3-5.

文远高，2008. 武汉地区地下水资源及其可利用的潜能[C]//中国建筑学会暖通空调分会，中国制冷学会空调热泵专业委员会. 全国暖通空调制冷 2008 年学术年会资料集. 重庆：全国暖通空调制冷 2008 年学术年会：310.

马传明，马义华，2007. 可持续发展理念下的地质环境承载能力初步研究[J]. 环境科学与技术(8)：64-65＋73＋119.

余志山，2008. 可持续发展理念下的地质环境承载能力初步研究[J]. 甘肃地质(2)：81-84.

杨乐，彭海游，周莫林，等，2014. 基于层次分析法的奉节县城地质环境承载能力评价[J]. 重庆交通大学学报(自然科学版)(2)：95-99.

匡恒，马传明，和泽康，等，2016. 基于城市规划的开封市地质环境风险评价[J]. 环境工程(2)：133-137＋132.

郑长远，张启兴，贾君，等，2010. 层次分析法在长江源区生态地质环境质量（脆弱性）评价中的应用[J]. 西北地质（1）：137-145.

李超，2016. 土壤环境容量与承载能力研究现状[J]. 资源节约与环保（9）：302＋304.

第 5 章 国土空间用途分区与管制

5.1 概 述

目前,国土空间用途管制往往从单一方面划分其功能,难以满足区域经济发展、生态保护和可持续发展的需要。本章节试图构建一个综合考虑地方发展需求、资源禀赋条件的国土空间用途区划体系,并提出可持续的调控方法。首先,在国土空间资源功能区划(第 3 章)的基础上考虑社会发展需求,采用改进的多目标土地配置模型对土地资源功能进行区划;此外,将土地、水和地质资源的功能整合到国土空间用途分区的框架中,进而将武汉市划分为生态空间、农业空间和建设空间。然后,在资源环境承载能力测算(第 4 章)的基础上综合考虑当前基本需求、土地利用现状和相关政策,提出适宜的国土空间用途管制对策。

5.2 国土空间用途分区

5.2.1 概述

在国土空间资源功能区划的基础上,又进一步进行了国土空间用途分区,不再只单纯地对土地利用进行区划和管制,而是对包含自然资源、生态功能和土地空间等国土空间的全要素进行功能区划和开发管控。在划定国土空间基本(主体)功能区的基础上结合区域发展需求、环境影响评价和自然地理条件等因素,对不同国土空间区域的功能属性、开发强度和区域边界进行差异化管理,这有效优化了国土空间配置。

5.2.2 用途分区方案

在“生态优先,绿色发展”理念的基础上,以第 3 章的土地资源区划结果为武汉市国土空间用途管制的主体功能框架,结合水资源和地质资源功能区划结果综合划定不同区域的国土空间用途(表 5.1)。将武汉市划分为不同用途功能的生态空间、农业空间以及建设空间,并对不同区域的开发利用给出合理建议。

表 5.1　国土空间用途分区标准

优先度	高→低												
高↓低	土地资源功能		水资源功能			地质遗迹资源功能				矿产资源功能			
			保护区	涵养区	开发利用区	特殊保护区	重要保护区	一般保护区	其他	禁止开采区	限制开采区	开发利用区	其他
	生态土地资源	重要生态土地	重要生态功能	重要生态功能	重要生态功能	重要生态功能	重要生态功能	重要生态功能	重要生态功能	重要生态功能	重要生态功能	重要生态功能	重要生态功能
		一般生态土地	重要生态功能	一般生态功能	重要生态功能	重要生态功能	重要生态功能	重要生态功能	重要生态功能	重要生态功能	重要生态功能	重要生态功能	重要生态功能
	农业土地资源	永久基本农田	重要生态功能	永久基本农田	永久基本农田	地质遗迹保护功能	地质遗迹保护功能	地质遗迹资源开发功能	永久基本农田	重要生态功能	永久基本农田	永久基本农田	永久基本农田
		一般农田	重要生态功能	一般农田	一般农田	地质遗迹保护功能	地质遗迹保护功能	地质遗迹资源开发功能	一般农田	重要生态功能	一般农田	矿产开发功能	一般农田
	建设土地资源		重要生态功能	建设功能	建设功能	地质遗迹保护功能	地质遗迹保护功能	地质遗迹资源开发功能	建设功能	重要生态功能	矿产开发功能	矿产开发功能	建设功能

5.2.3　用途分区结果

5.2.3.1　用途区划

根据不同功能的优先程度(表 5.1),综合考虑资源禀赋条件得到了研究区综合功能用途分区(图 5.1)。总体上研究区呈现“北部生态功能一中部建设功能一中南部农业功能”的功能布局。生态功能区主要位于研究区北部的山地、丘陵区以及水源地周边,占研究区总面积的24.97%。农业功能区主要分布在主城区向山地过渡的地带,占总面积的 45.50%。其中永久基本农田主要分布在研究区东部和南部,一般农田主要分布在研究区西部和北部。建设功能区主要分布在主城区周边以及研究区北部黄陂区、新洲区,占总面积的 29.23%。矿产资源开发区则主要零散分布在主城区周边。

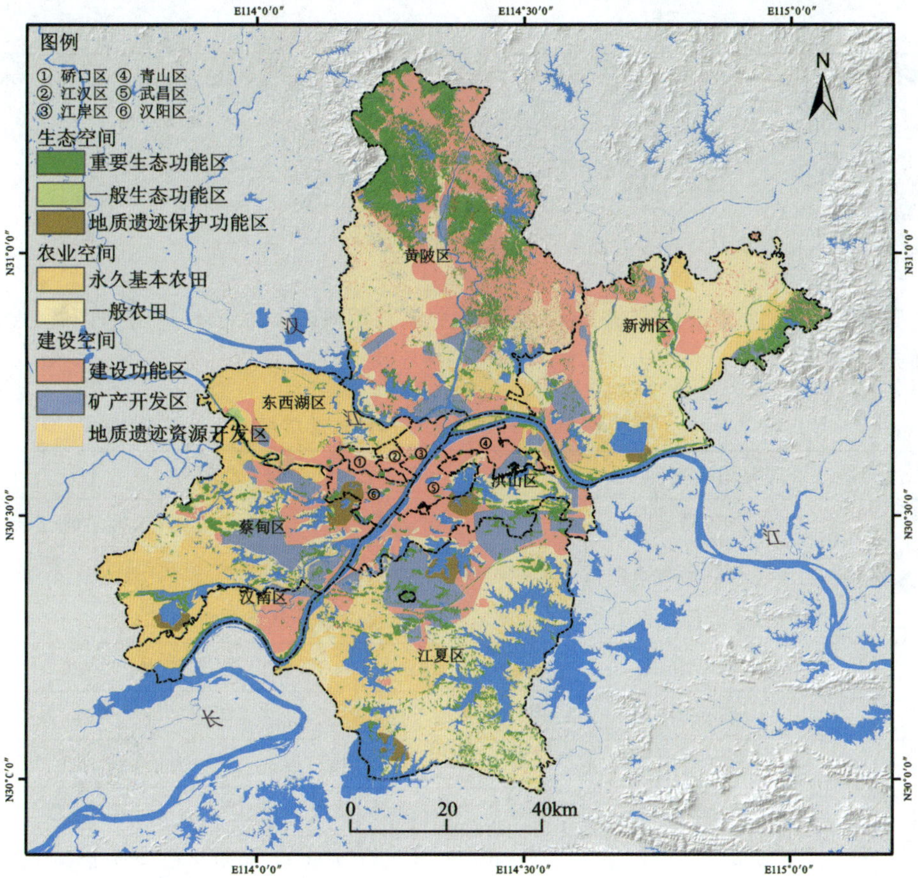

图 5.1　武汉市国土空间用途分区

通过对研究区国土空间用途管制区划与土地利用现状进行统计(图 5.2)。发现在生态功能区中林地和地表水体占绝大部分,农田不足 10%,建设用地不足 1%,整体生态条件良好。在农业功能区中农田占绝大多数接近 80%,建设用地约占一般农田的 9.74%和永久基本农田的 13.57%。在永久基本农田区域的建设用地面积过高,这不利于研究区的粮食安全。在建设功能区，农田和建设用地分别占54.58%和44.01%，缺少足够的生态绿地可能影响城镇区域内的居住舒适度(Ramaiah et al.，2019)。

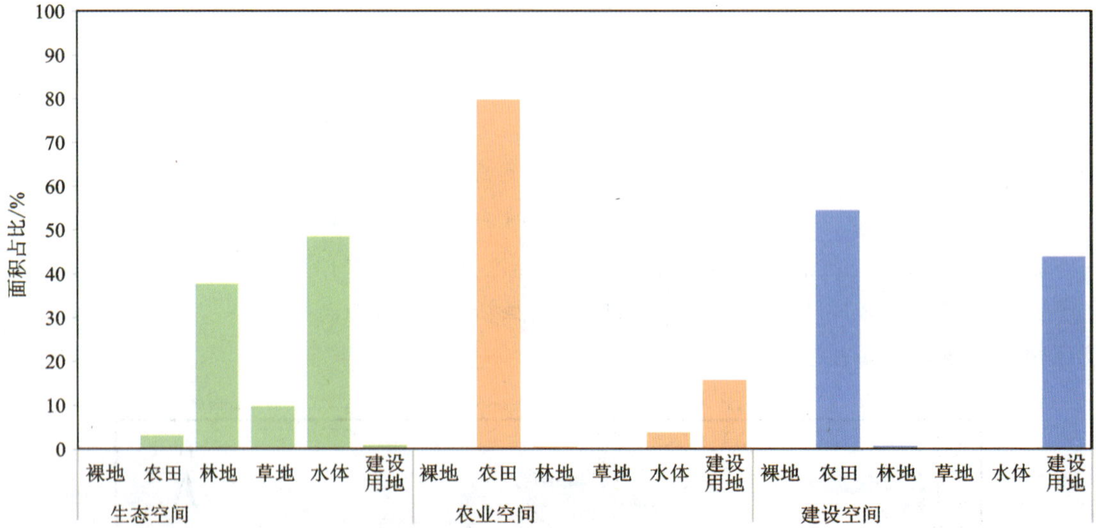

图5.2　2020年武汉市国土空间用途分区结果与土地利用现状统计

5.2.3.2　开发利用与允许人类活动

根据国土空间用途分区结果并结合武汉市土地利用现状，针对不同用途区提出对应的国土空间开发建议(表5.2)。

表5.2　国土空间用途与允许人类活动

一级用途空间	次级用途空间	允许的人类活动
生态空间	重要生态功能区	国防、水利、重要交通、生态保护、科学研究
	一般生态功能区	低强度农业、国防、水利、重要交通、生态保护、科学研究
	地质遗迹保护区	生态保护和地质遗迹保护
农业空间	永久基本农田	农业、国防、水利、重要交通、生态保护、科学研究
	一般农田	农业、国防、水利、重要交通、生态保护、科学研究、低强度建设
建设空间	建设功能区	城市建设、景观工程、交通建设
	矿产开发区	城市建设、景观工程、矿产开采、交通建设
	地质遗迹开发区	低强度建设、景观工程、重要交通、地质遗迹保护

1. 生态空间

黄陂区北部和新洲区东部的生态空间距离主城区较远，周边以农田和分散的农业建设用地为主；这些区域的生态空间受人类活动影响较小。而主城区及其周边的生态空间呈碎片化，被建筑功能区和矿业开发区分隔(图5.1)。因此，要严格保护城区小生态空间，严格限制生态空间的建设活动，在一般生态功能区不得进一步开垦或建设。

研究区北部的生态空间以森林为主(图 5.1)，在一定程度上可以开发为生态旅游和城市景观空间，但需要防范人类活动造成的火灾风险和水土流失(Li et al.，2005)。主城区和研究区南部的生态空间主要为水资源保护区，应防范城市污水的威胁。

2. 农业空间

永久基本农田主要分布在黄陂区、新寿区和江夏区(图 5.1)，这些区域严格限制为永久基本农田，不用于水利、交通、国防建设的土地应逐步转为农田。江夏区和蔡甸区的永久基本农田靠近矿产开发区域，周边工矿企业应限制排污，避免水和土壤污染。

一般农田主要分布在汉南区、蔡甸区和东西湖区(图 5.1)。如果将普通农田转让给其他用途，则应由其他农田替代，以实现"动态平衡"(Li et al.，2005)。由于城区的扩张，东西湖区东部的农业空间被占用(图 5.2、图 2.9)。该区域建设用地的进一步扩张应受到限制，被侵占的农业用地需要得到补偿。

3. 建设空间

通过与土地利用现状进行对比，黄陂区北部、南部、新洲区北部、汉南区北部、蔡甸区东部仍有较大的发展潜力(图 5.1、图 2.9)。但在开发黄陂区北部建设用地时，应注意保护周边生态空间。研究区森林和草地面积过低。充分发挥江河湖泊的优势，围绕水体建设城市绿地，提高生活质量。

地质遗迹资源开发区和保护区分布在长江沿线(图 5.1)。地质遗迹保护区应限制工程建设和农业复垦，限制旅游景观开发。

5.3　国土空间用途管制

5.3.1　概述

在第 4 章资源环境承载能力测算与状态分析和 5.2 国土空间用途分区的基础上，根据不同分区的承载能力与承载状态，对各个分区提出相适宜的管制对策。

根据国土空间用途分区结果对不同用途区的允许人类活动进行了限定(表 5.2)，在此基础上本章对不同用途空间的承载能力与状态进行定性分析，并提出用途管制对策。武汉市国土空间用途管制分为两部分，一是基于国土空间用途分异和综合承载能力评价结果的整体国土空间开发与保护管制，二是基于不同国土空间用途区(生态、农业和建设空间)内的承载能力，分析各空间内的用途管制。

5.3.2　国土空间开发与保护管制

5.3.2.1　概述

国土空间开发与保护管制是基于工作区资源环境承载能力评价成果，以国土空间用途分异为依据，划分出具有某种特定主体功能的地域空间单元，并赋予其不同的发展功能定位。

5.3.2.2 管制方案

根据国土空间功能区划、承载能力评级以及用途区划结果将武汉市国土空间划分为：禁止开发(重点生态保护)区、限制开发(一般生态保护)区、优化开发区以及重点开发区四类(表5.3)。并针对不同国土空间开发类型提出适宜的发展定位与开发强度。

表 5.3 国土空间开发管制分类表

<table>
<tr><th colspan="2">国土空间用途分区</th><th>承载能力</th><th>国土空间开发管制</th></tr>
<tr><td rowspan="2">生态空间</td><td>重要区</td><td>/</td><td>禁止开发(重点生态保护)区</td></tr>
<tr><td>一般区</td><td rowspan="2">/</td><td rowspan="2">限制开发(一般生态保护)区</td></tr>
<tr><td colspan="2">农业空间</td></tr>
<tr><td colspan="2" rowspan="2">建设空间</td><td>资源环境超载</td><td>优化开发区</td></tr>
<tr><td>承载能力高、承载潜力大</td><td>重点开发区</td></tr>
</table>

5.3.2.3 管制结果

根据综合承载能力评价(图4.18)和国土空间用途区划结果，按照表5.3将武汉市划分为重点开发区、优化开发区、限制开发(一般生态保护)区以及禁止开发(重点生态保护)区(图5.3)。禁止开发区面积约为2 245.36km²，占武汉市总面积的26.20%，主要分布在黄陂区北部和新洲区东北部，在主城区长江沿岸也有零散分布。限制开发区面积约为3 921.26km²，占武汉市总面积的45.76%，主要分布在江夏区、蔡甸区、东西湖区、新洲区以及黄陂区南部。优化开发区面积约为53.47km²，占武汉市总面积的0.62%，集中分布在汉阳区。重点开发区面积约为2 348.79km²，占武汉市总面积的27.41%，主要分布在黄陂区、蔡甸区东部、汉南区东部、江夏区北部、新洲区西南部以及除汉阳区的主城区大部地区。针对不同开发类型区域提出适宜的开发建议：

1.禁止开发(重点生态保护)区

禁止开发区主要由两类国土空间用途区组成：一是武汉市北部以及水源地周边的重要生态功能区，参考用途管制区划结果(表5.2)该区域除国防、水利、生态保护、科学研究以及必要的交通建设外应严格禁止其他形式的开发；二是沿长江、汉江零散分布的地质遗迹保护区，该区域内仅仅允许与生态和遗迹保护相关的人类活动，工程建设和农田开垦等活动应严格限制。

2.限制开发(一般生态保护)区

限制开发区也主要由两类国土空间用途区组成：一是水源保护区周边的缓冲区域，该区域应限制易污染水土的工矿业开发，允许低强度的农业开垦；二是农业空间，该类区域是武汉市建设空间与生态空间的缓冲区，承担区域农产品供应的职责，在该区域应严格保障耕地安全仅在一般农田区域允许低强度的建设活动。

3. 优化开发区

优化开发区主要集中分布在汉阳区内，该区域由于密集的人口以及工业发展导致水土环境存在不同程度污染，该区域内应优先发展绿色节能产业，限制高能耗高污染产业。

4. 重点开发区

重点开发区主要由资源环境承载能力较强的建设空间构成，该区域内可以大力发展经济进行国土空间开发建设。但主城区及其周边区域由于人口密集存在一定程度的水资源紧张需要合理调配人口与水源，黄陂区北部的重点开发区与禁止开发区相邻在开发时应限制污染化工产业并在禁止开发区之间设立缓冲区。

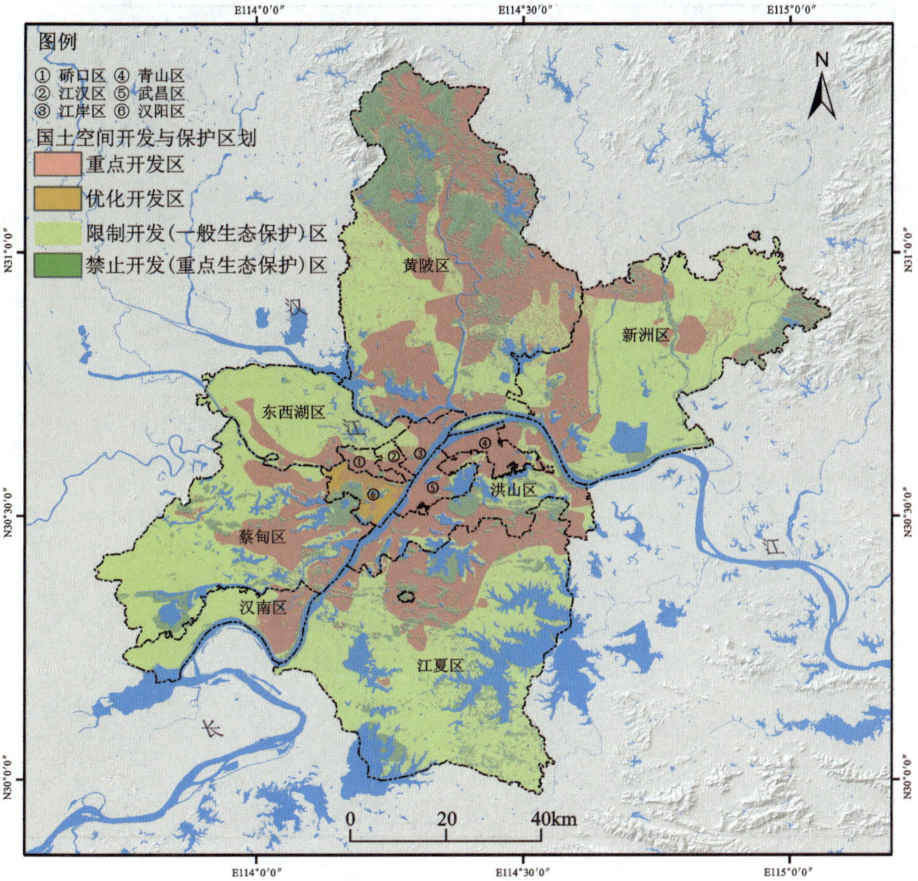

图 5.3　武汉市国土空间开发与保护管制

5.3.3 生态-农业-建设空间用途管制

5.3.3.1 概述

在国土空间用途区划和开发与保护管制的基础上，分别分析生态、农业和建设空间内承载能力，并对不同空间内的允许人类活动进行管制。

5.3.3.2 生态空间用途管制

1. 生态空间承载能力分析

武汉市生态空间中重要生态功能区和一般生态功能区的承载能力较高，受到人类活动的影响较小。但地质遗迹保护区的承载能力较低，大部分属于中—低承载能力，特别是汉阳区西南部的地质遗迹保护区属于低承载能力(图 5.4)。

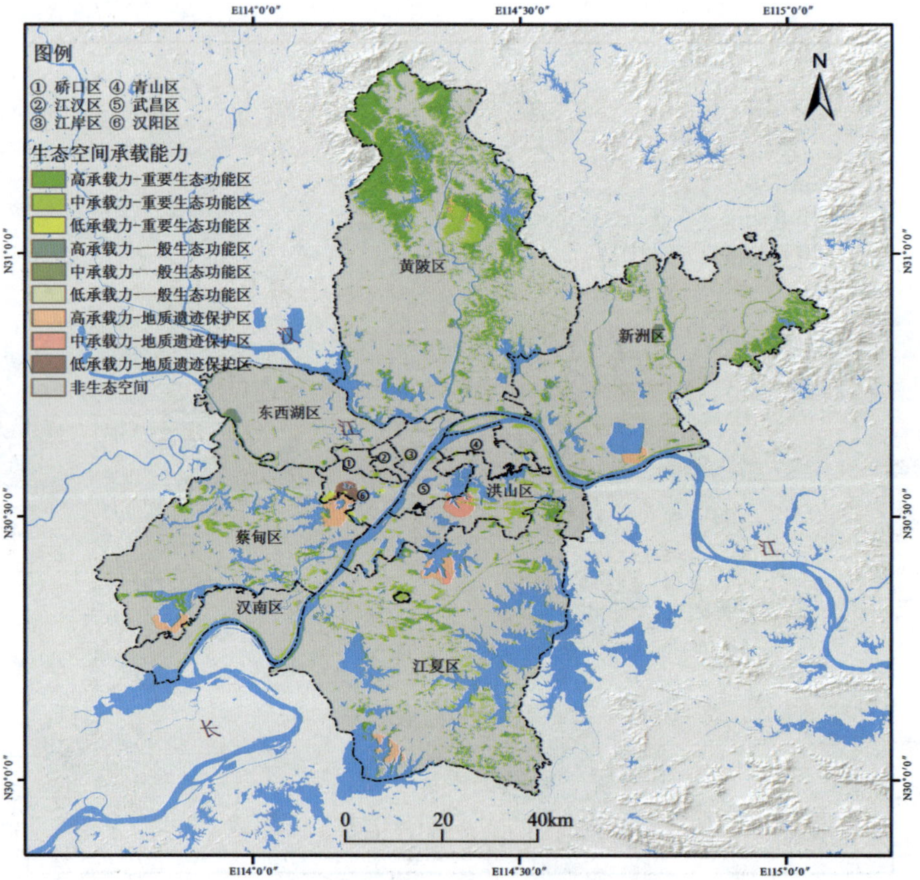

图 5.4 武汉市生态空间分区承载能力

2. 生态空间用途管制结果

针对生态空间中不同功能分区及其对应承载能力，按照表 5.4 进行生态空间用途管制(图 5.5)(Qiu et al.,2022)。

表 5.4　生态空间用途管制划分

生态空间用途	承载能力	用途管制划分	允许或建议的人类活动
重要生态功能区	高(不超载)	禁止开发	国防水利等设施、重要交通、生态环境保护、科学研究等
	中(轻度超载)	生态环境保护	国防水利等设施、重要交通、生态环境保护、科学研究等
	低(超载)	生态环境修复	国防水利等设施、生态环境修复与治理、科学研究等
一般生态功能区	高(不超载)	限制开发	低强度农业、国防水利等设施、重要交通建设、生态环境保护、科学研究等
	中(轻度超载)	生态环境保护	国防水利等设施、重要交通、生态环境保护、科学研究等
	低(超载)	生态环境修复	国防水利等设施、生态环境修复与治理、科学研究等
地质遗迹保护区	高(不超载)	限制开发	地质遗迹保护与低强度开发、国防水利等设施建设、重要交通建设、生态环境保护、科学研究等
	中(轻度超载)	生态环境保护	地质遗迹保护、国防水利等设施、重要交通、生态环境保护、科学研究等
	低(超载)	生态环境修复	地质遗迹保护、国防水利等设施、重要交通、生态环境修复与治理、科学研究等

1)禁止开发区

禁止开发区主要分布在黄陂区北部和新洲区东北部，并在武汉市全域均有零星分布。该区域内需严格限制除国防水利等设施、重要交通、生态环境保护、科学研究等以外的人类活动。

2)限制开发区

限制开发区主要分布在武汉市内主要湖泊湿地，该区域内可以进行低强度农业、国防水利等设施、重要交通建设、生态环境保护、科学研究等人类活动。

3)生态环境保护区

生态环境保护区主要分布在洪山区和黄陂区，该区域内国土空间开发强度已超过承载能力存在一定的生态环境退化风险。需要降低该区域内的开发强度，并严格限制人类活动类型。

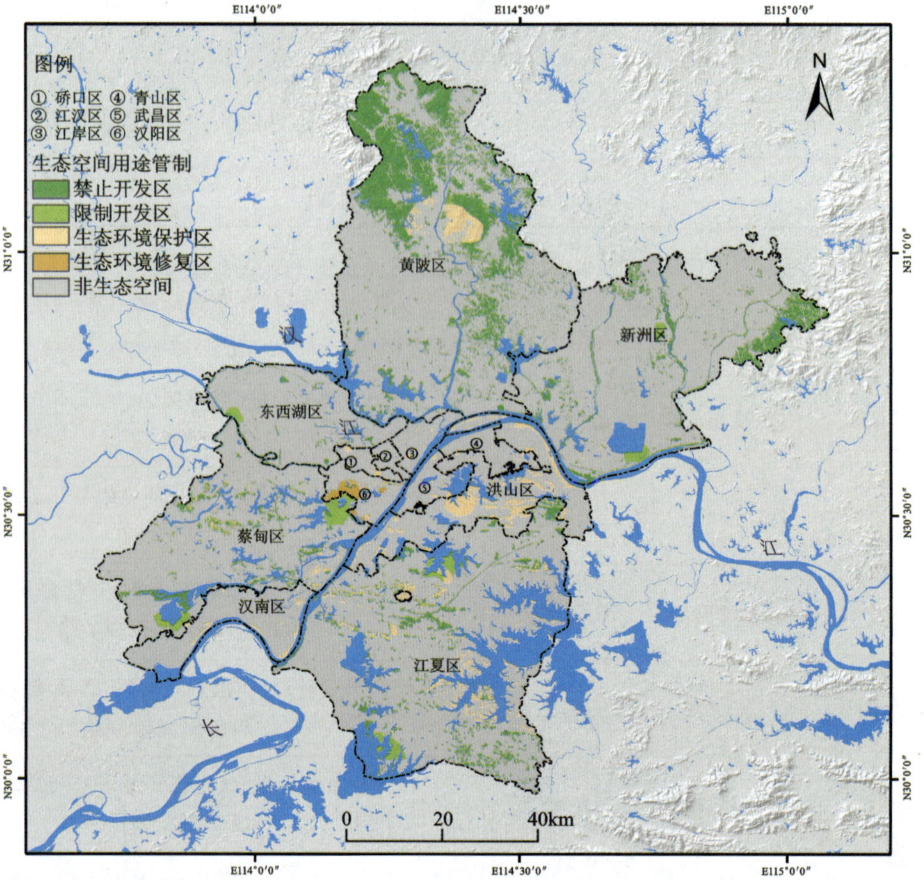

图 5.5 武汉市生态空间用途管制

4)生态环境修复区

生态环境修复区主要分在汉阳区，由于高强度或不合理的开发活动易导致该区域内生态环境出现退化、水土环境遭受污染。在该区域内应当严格限制污染的排放，对已经造成污染的区域进行治理和修复，对潜在的地质环境问题进行预警排查。

5.3.3.3 农业空间用途管制

1. 农业空间承载能力分析

武汉市农业空间内资源环境承载能力较高，仅汉阳区零星分布有极小面积的低承载能力农田区域(图 5.6)。

2. 农业空间用途管制结果

针对农业空间中不同功能分区及其对应承载能力，按照表 5.5 进行生态空间用途管制(图 5.7)。

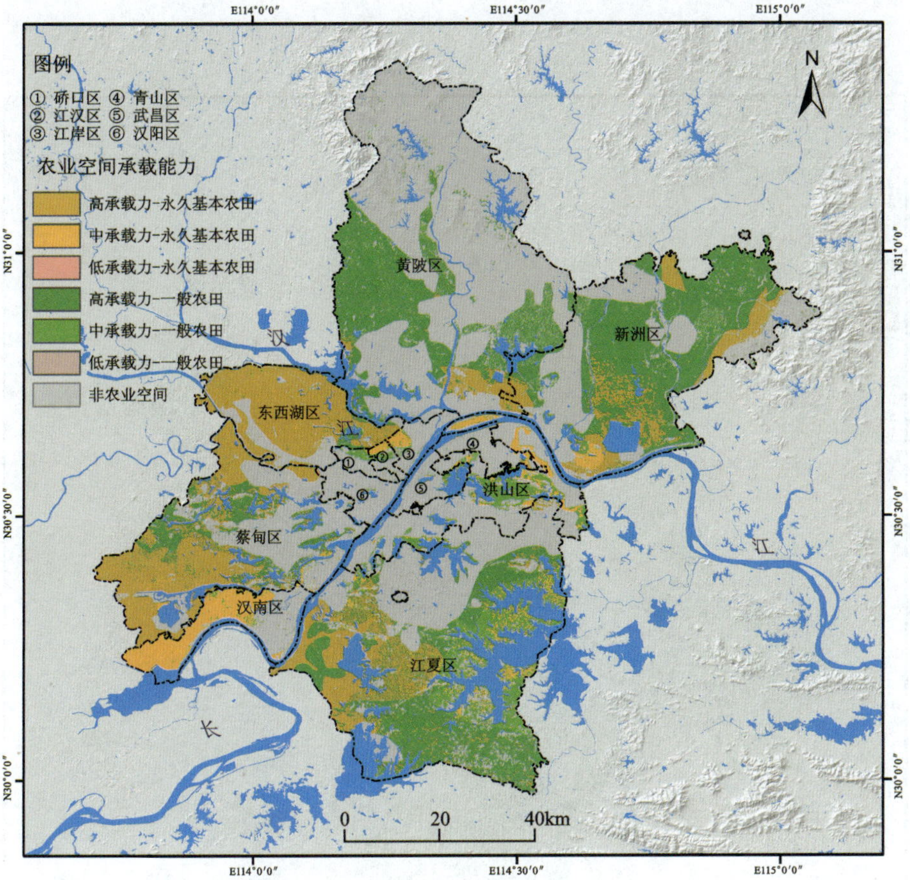

图 5.6　武汉市农业空间分区承载能力

表 5.5　农业空间用途管制划分

农业空间用途	承载能力	用途管制划分	允许或建议的人类活动
永久基本农田	高(不超载)	限制农业开发	农业、国防水利等设施、重要交通、生态环境保护、科学研究等
	中(轻度超载)	限制农业开发与保护	农业、国防水利等设施、重要交通、生态环境保护、科学研究等
	低(超载)	生态环境修复	低强度的农业、国防水利等设施、生态环境修复与治理、科学研究等
一般农田	高(不超载)	限制农业开发	农业、低强度工程建设、国防水利等设施、重要交通建设、生态环境保护、科学研究等
	中(轻度超载)	限制农业开发与保护	农业、国防水利等设施、重要交通、生态环境保护、科学研究等
	低(超载)	生态环境修复	低强度的农业、国防水利等设施、生态环境修复与治理、科学研究等

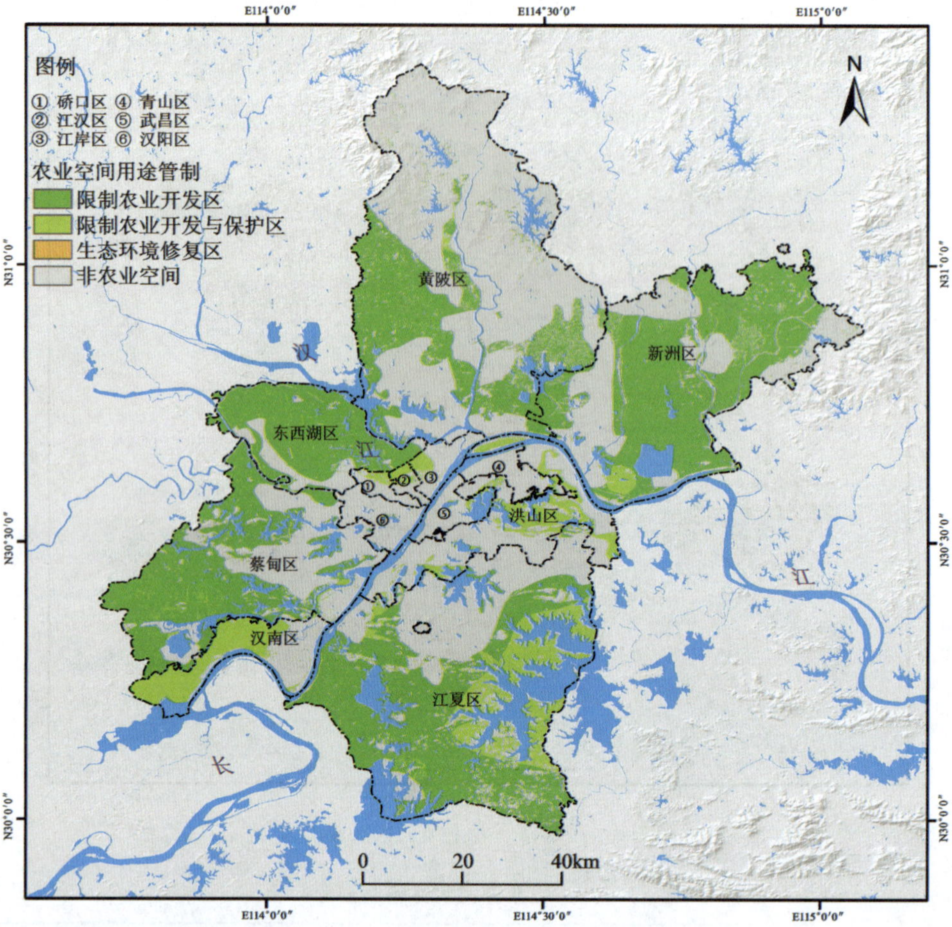

图 5.7　武汉市农业空间用途管制

1)限制农业开发区

限制农业开发区广泛地分布在武汉市除主城区以外的各区。该区域内国土空间开发强度适宜,资源环境条件很有利于开展农业活动,应当对该区域内的基本农田进行严格的保护。仅允许农业、国防水利等设施、重要交通、生态环境保护、科学研究等活动。

2)限制农业开发与保护区

限制农业开发与保护区内主要分布在主城区、汉南区和江夏区,资源环境条件有利于开展农业活动,但资源环境存在一定程度的超载,需要降低该区域的开发强度,限制农药化肥的施用。

3)生态环境修复区

生态环境修复区仅在汉阳区西部零星分布,由于面积很小,建议和限制农业开发与保护区一同管理。

5.3.3.4 建设空间用途管制

1. 建设空间承载能力分析

武汉市建设空间承载能力相对较高，只在汉阳区存在一定程度超载的建设功能区和矿产开发区(图 5.8)。

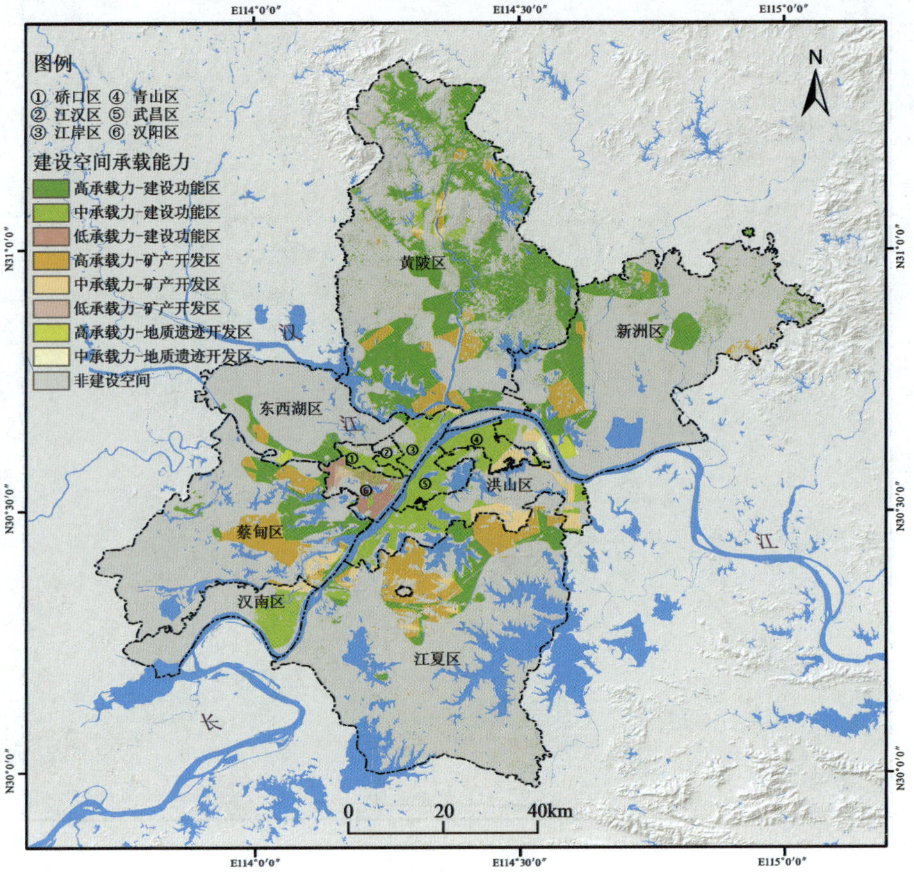

图 5.8 武汉市建设空间分区承载能力

2. 建设空间用途管制结果

针对农业空间中不同功能分区及其对应承载能力，按照表 5.6 进行生态空间用途管制(图 5.9)。

1)重点建设开发区和重点矿产开发区

重点建设开发区和重点矿产开发区主要分布在主城区外围以及黄陂区北部。该区域内有较大的国土空间开发潜力，可以进行相对高强度的开发。

2)优化建设开发区和优化矿产开发区

优化建设开发区和优化矿产开发区主要分布在主城区和汉南区东部。该区域内可以进行低强度的国土空间开发以及生态环境保护。

3)生态环境修复区

生态环境修复区仅在汉阳区分布。该区域内主要的人地矛盾是高强度国土空间开发超出了国土空间资源环境的承载能力，导致了或很可能会导致诸如水土污染、地质灾害发生以及生态功能退化等问题。在该区域内应当严格限制污染的排放，对已经造成污染的区域进行治理和修复，对潜在的地质环境问题进行预警排查。

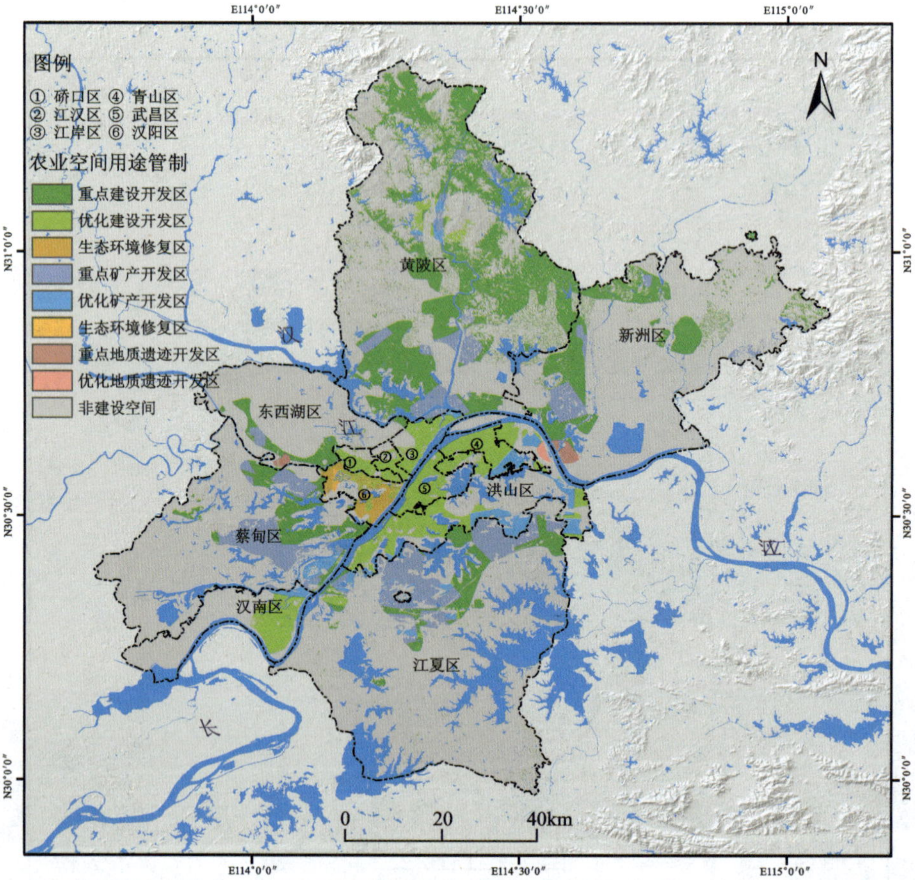

图 5.9 武汉市建设空间用途管制

表 5.6 建设空间用途管制划分

建设空间用途	承载能力	用途管制划分	允许或建议的人类活动
建设功能区	高(不超载)	重点建设开发	合理的国土空间开发活动
	中(轻度超载)	优化建设开发	低强度的国土空间开发以及生态环境保护
	低(超载)	生态环境修复	生态环境保护
矿产开发区	高(不超载)	重点矿产开发	合理的国土空间开发活动
	中(轻度超载)	优化矿产开发	低强度的国土空间开发以及生态环境保护
	低(超载)	生态环境修复	生态环境保护

续表 5.6

建设空间用途	承载能力	用途管制划分	允许或建议的人类活动
地质遗迹开发区	高(不超载)	重点地质遗迹开发	地质遗迹保护与低强度开发、国防水利等设施建设、重要交通建设、生态环境保护、科学研究等
	中(轻度超载)	优化地质遗迹开发	地质遗迹保护、国防水利等设施、重要交通、生态环境保护、科学研究等

本章参考文献

张晶晶,2017. 海南岛资源环境承载能力评价[D]. 武汉:中国地质大学(武汉).

LI F, WANG R, LIU X, et al., 2005. Urban forest in China: development patterns, influencing factors and research prospects [J]. The International Journal of Sustainable Development & World Ecology, 12(2), 197-204.

LICHTENBERG E, DING C, 2008. Assessing farmland protection policy in China[J]. Land Use policy, 25(1), 59-68.

QIU Y, ZHOU A, LI M, et al., 2022. Territorial spatial usage regulation based on resources endowment and sustainable development: A case of Wuhan, China[J]. Journal of Cleaner Production, 135771.

RAMAIAH M, AVTAR R, 2019. Urban green spaces and their need in cities of rapidly urbanizing India: A review[J]. Urban science, 3(3), 94.